可爱的装饰

杯子蛋糕 & 饼干

[日] Doze Life Food 工作室　著
黄玉兰　译

辽宁科学技术出版社
沈　阳

Pretty! Delicious!

前言

在家里轻松制作的杯子蛋糕和饼干，原本就很好吃，如果加上漂亮的装饰，就好像被施了魔法一样成为让所有人都感动的特别的作品。

灵活运用点心的形状特点，做华丽装饰的杯子蛋糕，适合于各种场合和聚会。不用再切割蛋糕调整尺寸，边观赏边拿起一个蛋糕，美美地享受它，也是一种魅力。

用糖霜装饰得五彩缤纷的饼干，每一块都像精致的装饰品一样可爱。经过短时间的装饰再品尝的点心，作为重要纪念日的礼品再合适不过了。

本书集合了运用糖霜装饰的各种技巧、适合于各种材质的蛋糕和饼干的装饰配方、把蛋糕和饼干演绎得更出色的包装方法等。下面介绍 48 种好吃又可爱的杯子蛋糕和饼干。

Contents

目　录

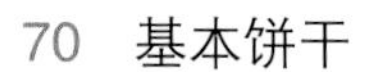

Part 2 饼干

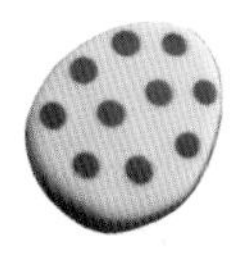

P6 ~ P19 的系列

这本书的规则

* 1 小匙 =5ml　1 大匙 =15ml
* 本书提到的烘烤时间是大致时间。因使用的机器不同，所需时间也各不相同，可酌情增减时间。
* 根据装饰的各种样式设定了糕点的大小和重量，所以可能会出现材料剩余的现象。用剩余材料可以制作其他杯子蛋糕 & 饼干。
* 如果找不到一模一样的花嘴，也可以使用大小相近的花嘴来代替。

Party

*可爱的装饰

蜡笔花束
→ **P106**
康乃馨花束
→ **P113**

巧克力薄荷 · 条纹
→ **P107**
下午茶时间的生活杂物
→ **P114**

Party

*简单的装饰

Party *帅气的装饰

珠宝巧克力
→ **P108**
蕾丝花边内衣
→ **P115**

奶油丝带
→ P109
留言信息
→ P116

Happy
Birthday

Birthday

*生日装饰

小小的棉花树
→ **P110**
重重叠叠的结晶塔
→ **P117**
圣诞节装饰
→ **P118**

Christmas

*圣诞节装饰

Wedding

*结婚装饰

玫瑰 · 斑点
→ **P111**
纪念日蕾丝
→ **P119**

For Children

*送给孩子们

仙境里的房子
→ **P112**
亚当和夏娃的遗失物
→ **P120**

基本奶油

蛋白糖霜

仅用糖粉和水就可以制作糖霜，但如果加入蛋白，则糖霜更加富有弹力。另外，加入柠檬汁可以缩短糖霜干燥、定型的时间。

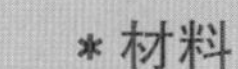

* 材料

糖粉…200g

蛋白… 1 $^{1}/_{2}$ 大匙

柠檬汁或水…1 小匙

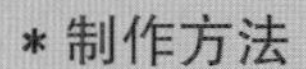

* 制作方法

1 将糖粉和蛋白搅拌均匀（a）。

2 变为黏稠的糊状之后，逐渐加入柠檬汁混合均匀，直至不见颗粒为止（b）。

* 要点

将蛋白和蛋黄分开，更容易测量各自的重量。蛋白打发后可形成蓬松的奶油，但是量太少时不容易起泡，所以建议制作 2 倍的量使用。

* 固态判断

想制作稍黏稠一点的糖霜时，多放入糖粉；想制作比较柔软的糖霜时，边加水边搅拌。糖粉尽量多准备一些。

* 柔软糖霜的标准

用勺子盛一勺之后，大约3秒内奶油滑落、勺面呈平面状，很少留在勺上。

* 黏稠糖霜的标准

用勺子盛一勺之后，糖霜长时间留在勺面上，而且保持盛时的形状。

奶油蛋白霜

因奶油蛋白霜中没有放入蛋黄，所以常温下也能保存。如果放入冰箱中，奶油蛋白霜会变硬，所以请在使用的1～2小时前，放回室温下，食用时也是如此。

＊材料

白砂糖…40g（分成5g和35g两份）
黄油…100g
蛋白…25g
水…2小匙

＊制作方法

1 黄油放在常温下软化备用（a）。
2 分离出来的蛋白中放入5g白砂糖，打发至起沫，制作蛋白霜。
3 锅中放入水和剩余的白砂糖，中火煮沸，起初的大气泡变成小气泡后关火。分成2～3次放入蛋白霜中（b），打发至出现有棱有角的泡沫状为止（c）。
4 将黄油搅打至乳霜状。取1/3的3放入搅打好的黄油中搅拌（d），再将剩余部分的蛋白霜逐量添加到搅打好的黄油中，直至做出柔软的奶油蛋白霜为止（e）。

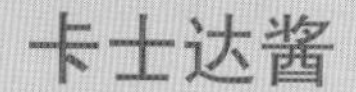

卡士达酱

＊材料

蛋黄…2 个

牛奶…165ml

白砂糖…50g

低筋面粉…15g

香草精华…少量

＊制作方法

1 将蛋黄和 1/2 白砂糖打发起泡。将过筛的低筋面粉撒在上面，迅速混合。

2 锅中放入牛奶和剩余的白砂糖，用高火煮沸。将其慢慢倒入 1 中，混合均匀。

3 搅拌均匀后倒入锅中，中火加热，用木勺不断搅拌。奶油逐渐黏稠不断发出气泡时，迅速搅拌至出现光泽。关火后，加入香草精华混合均匀，装入容器中。

4 容器表面盖上保鲜膜密封后，放入冰箱中冷却。

芝士奶油霜

＊材料

奶油奶酪…200g

酸奶油…20g

酸奶（无糖）…20g

糖粉…30g

柠檬汁…少量

＊制作方法

1 常温下，将奶油奶酪捣碎成奶油状，加入糖粉混合均匀。

2 加入酸奶、酸奶油、柠檬汁后，在容器中混合均匀。

＊要点

将制作好的奶油放入挤花袋中，放入冰箱中冷却 20 分钟左右，奶油就不会太柔软，容易定型。

打发鲜奶油

＊材料

鲜奶油…100ml

白砂糖…10g

＊制作方法

1 鲜奶油中放入白砂糖。

2 边往容器底部加冰水，边打发容器中的鲜奶油和白砂糖，打至八分发。

南瓜奶油霜

＊材料

南瓜（去皮和子的部分）…250g

鲜奶油…$1\frac{1}{2}$大匙

糖粉…30g（可根据喜好增减量）

果肉干…少量

＊制作方法

1 将南瓜放入耐热容器中去水分，再放入微波炉中软化。

2 用滤网将南瓜滤细，加入鲜奶油、糖粉、果肉等，用打蛋器混合均匀。

三文鱼奶油奶酪

＊材料

奶油奶酪…200g

熏制三文鱼…30g

盐…少量

黑胡椒…少量

柠檬汁…少量

＊制作方法

1 常温下，将软化的芝士奶油捣碎成奶油状。

2 将熏制的三文鱼捣碎成糊状，加入盐、胡椒、柠檬汁调味，再将其加入 1 中，用打蛋器混合均匀。

基本技巧

奶油的装袋方法

使用杯子、空瓶等，可以不弄脏挤花袋，轻松将奶油放入袋中。如使用挤花嘴，可将挤花嘴事先放入袋中，然后再放入奶油。

1 将挤花袋放入杯中，开口处往外翻，装入奶油。

2 抽掉空气后，剩余部分拧紧，用皮套将入口处扎紧。

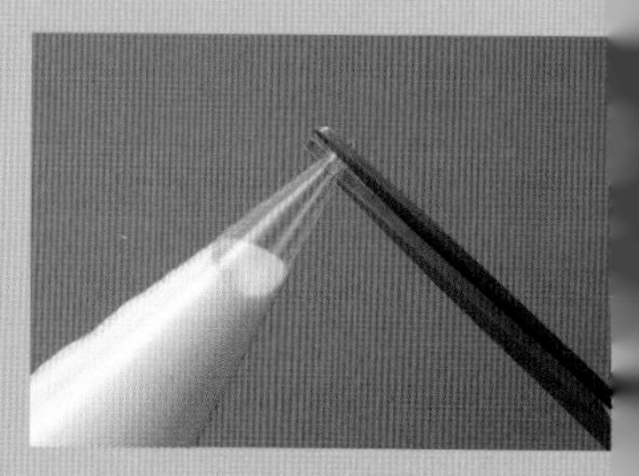

3 根据要挤出来奶油的粗细程度，裁剪挤花袋前端的开口大小。

挤奶油技巧

实体操作之前，在托盘等平坦的物体上进行练习，掌握要领。挤出线条或主题图案时，基本上稍黏稠的奶油更为适宜。

* 直线

将袋口与平面稍留一些距离。边挤出奶油边画直线，最后使奶油着地即可，除始点和终点以外，其余部分不要让袋口与平面接触。

* 曲线

与直线的画法相同。将袋口悬在空中，在空中画曲线，最终着地。小的曲线稍低悬空，大的曲线稍高悬空。

* 圆点

将挤花袋垂直拿起，挤出奶油，根据用力的大小，可调节圆点的大小。

* 蕾丝

这是直线、曲线、圆点的组合作品。画细线就可以制作出精致的蕾丝模型。

* 贝壳

倾斜地握着挤花袋，一点点挤出奶油，不断重复同样的动作，让挤出来的模型连接在一起。

口径5mm
8角星形

* 康乃馨

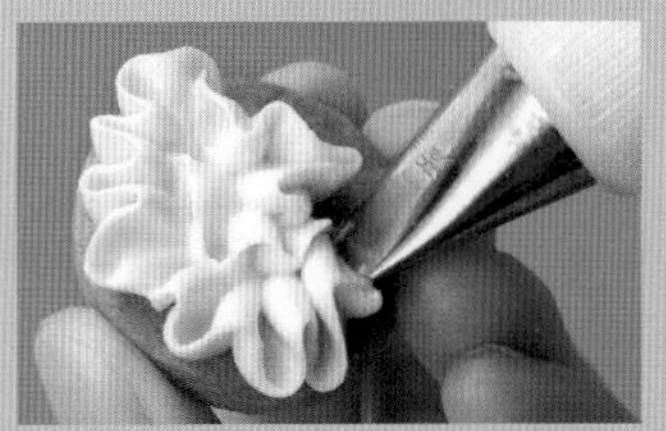

挤花嘴口偏宽一侧着地，接触到要挤花的地方。边转动饼干，边轻轻地挪动花嘴口制作褶纹，中途断开几次。根据花朵形成的情况，在周边增添花瓣。将挤花嘴倒过来，另一侧接触饼干挤出奶油花，可使花瓣向上展开。

口径13mm
玫瑰形花嘴

＊花❶

挤出圆点之后，向花蕊部分拉挤花嘴，制作像水滴一样的花瓣5个（可以制作出必要的数量）。花蕊部分用另一个没有挤花嘴的挤花袋，制作一个黄色的圆点。

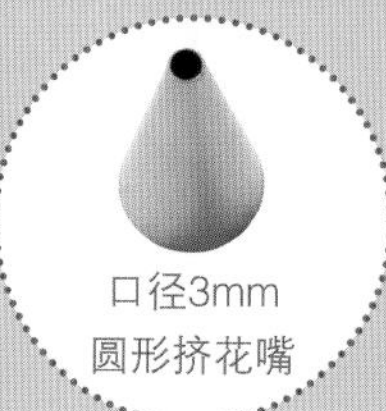

口径3mm
圆形挤花嘴

＊花❷

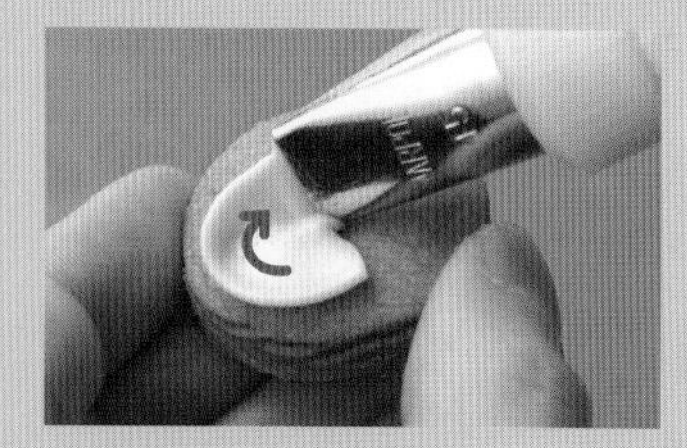

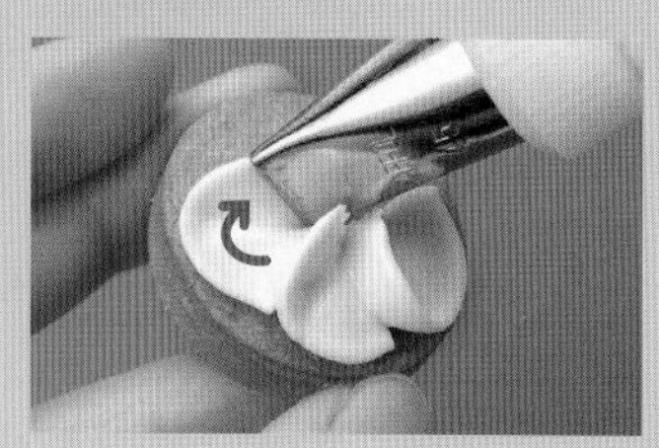

把挤花嘴的一侧作为支点放在饼干上，边转动饼干边制作一片花瓣。制作完一片后，挤花嘴离开饼干表面，将挤花嘴口重新放在花瓣边缘的下方，制作第2片花瓣。重复上述操作，制作5片花瓣。花蕊用不带挤花嘴的挤花袋，在花的中央部位挤出一个圆点，在圆点周围再做5个小圆点。

口径13mm
平口形挤花嘴

＊叶子❶

先用力挤出奶油，轻轻往下拉。

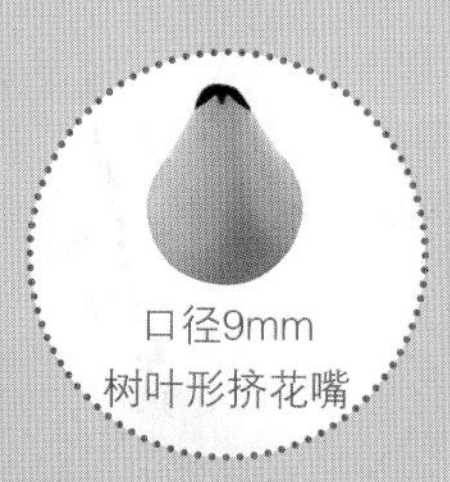

口径9mm
树叶形挤花嘴

＊叶子❷

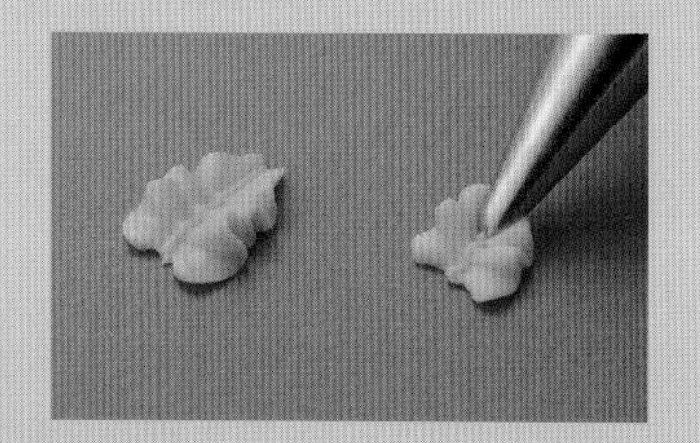

先用力挤出奶油，制作褶皱的叶子形状后，轻轻往外拉。

口径9mm
树叶形挤花嘴

制作各种图案的技巧

下面介绍用糖霜制作各种图案的技巧。

* 有凹凸质感的图案

饼干上的糖霜完全干透之后，用稍硬的糖霜再进行描绘，就会出现凹凸质感。

* 无凹凸质感的图案

饼干上的糖霜未干之时，在上面进行图案描绘，则两种糖霜相融合，出现互相染色的情况。而且如果前后使用的糖霜硬度不同，则底色容易渗出，所以建议描绘图案时使用柔软的糖霜。

* 条纹

等间距画直线就能画出各种条纹，根据线条的粗细不同，感觉会大不相同。

* 羽毛箭

用牙签划垂直于条纹方向的线条，则颜色被断开，形成羽毛箭形状。这个技巧仅限于在没有凹凸质感的图案上使用。

糖霜的干燥时间

因水分、环境（气温和湿度）等条件不同，干燥时间也大不相同。比如，烘干饼干的涂层表面时，有时需要3～4小时，甚至更长。涂层是否干透的标准是看饼干表面是否没有了刚涂层时的那种光泽，用手指碰触之时不会留下痕迹等。礼品等需要赠送的日期已经定下来时，要留下充分的时间进行涂层。特别着急的情况下，可以使用吹风机吹干，以缩短干燥时间。

涂色方法

食用色素的加入方法

基本白色奶油（奶油糖霜或奶油蛋白霜）中加入食用色素，可以调出很多自己喜欢的颜色。加入食用色素时，边搅拌边看效果，逐量加入。

1 取一个牙签，蘸一点色素加入奶油中。

2 用勺搅拌均匀，直至出现自己喜欢的颜色为止。

基本颜色

本书中使用的食用色素，共有以下 7 种颜色。除此之外，也有很多颜色种类，大家根据喜好收集。

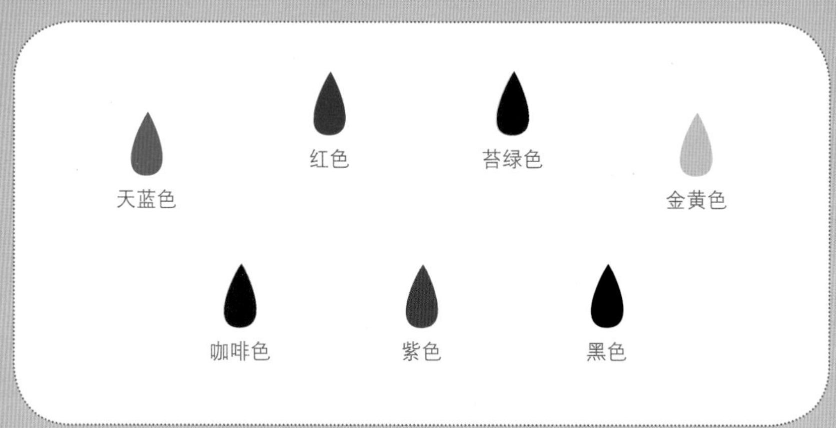

独创颜色

将几种色素混合在一起，可以制作另外独特的颜色。
本书中，用以下方法制作各种颜色。

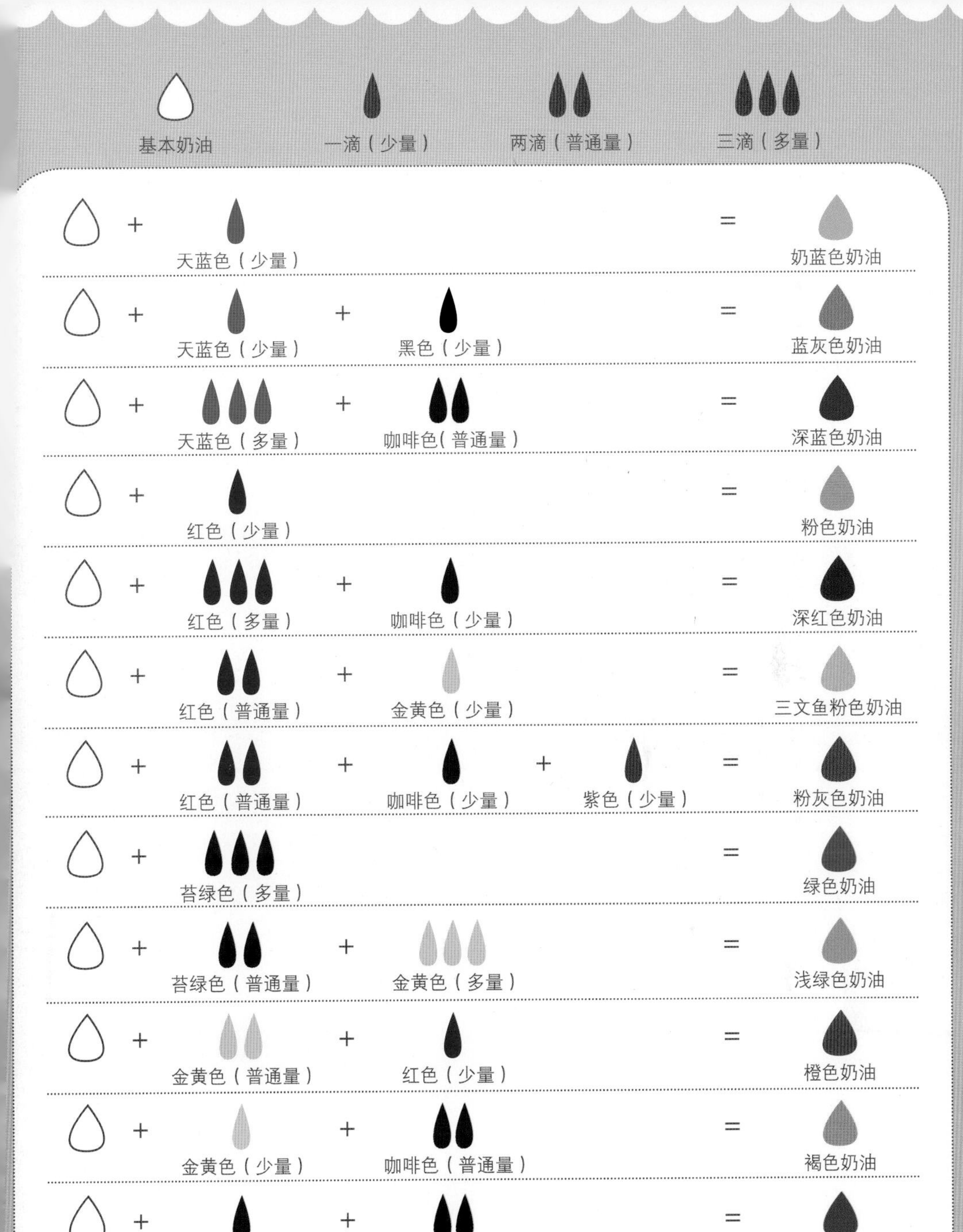

基本奶油
一滴（少量）
两滴（普通量）
三滴（多量）
+ 天蓝色（少量） = 奶蓝色奶油
+ 天蓝色（少量） + 黑色（少量） = 蓝灰色奶油
+ 天蓝色（多量） + 咖啡色(普通量） = 深蓝色奶油
+ 红色（少量） = 粉色奶油
+ 红色（多量） + 咖啡色（少量） = 深红色奶油
+ 红色（普通量） + 金黄色（少量） = 三文鱼粉色奶油
+ 红色（普通量） + 咖啡色（少量） + 紫色（少量） = 粉灰色奶油
+ 苔绿色（多量） = 绿色奶油
+ 苔绿色（普通量） + 金黄色（多量） = 浅绿色奶油
+ 金黄色（普通量） + 红色（少量） = 橙色奶油
+ 金黄色（少量） + 咖啡色（普通量） = 褐色奶油
+ 咖啡色（少量） + 苔绿色（普通量） = 抹茶色奶油
+ 紫色（少量） + 红色（多量） = 深粉色奶油
+ 紫色（普通量） + 咖啡色（少量） = 浅紫色奶油

Part1

杯子蛋糕

杯子蛋糕本身有立体感，所以涂层的空间也无限大。用鲜艳、丰满的奶油可以尽情享受装饰这一过程。

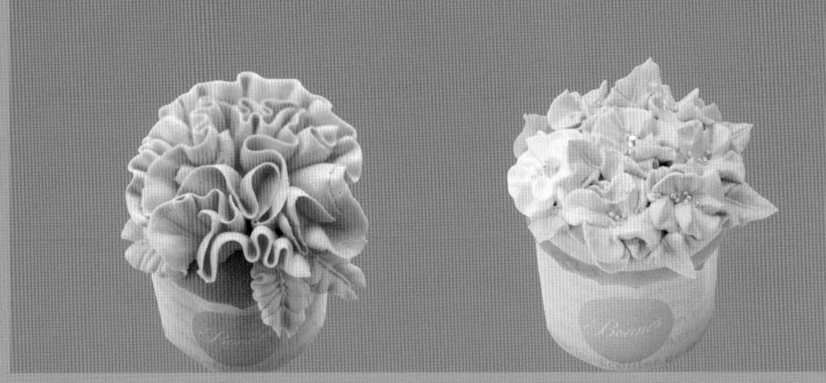

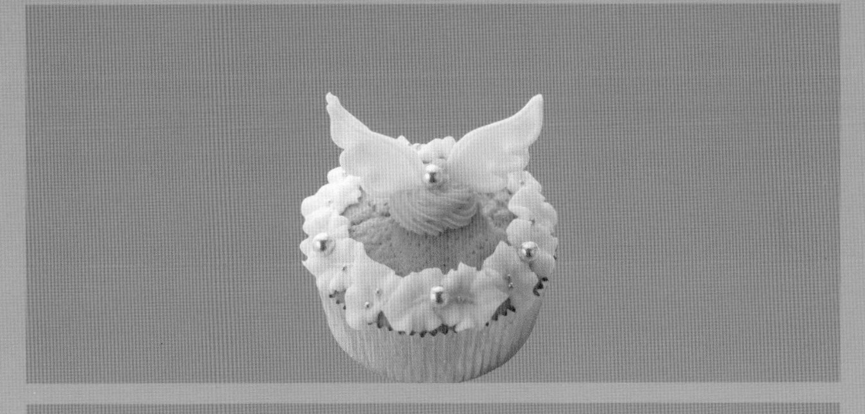

杯子蛋糕的质地如同海绵富含弹力。烤出来的蛋糕表面相对平整、干净，所以建议用奶油糖霜装饰。

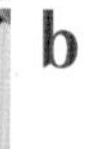

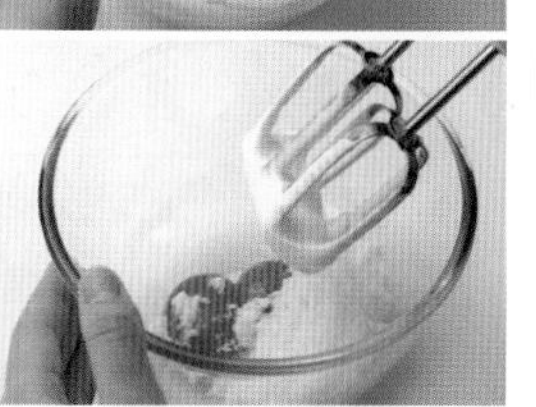

BASIC 1

基本杯子蛋糕

＊材料（直径 5cm 的杯子蛋糕约 8 个）
低筋面粉…100g
白砂糖…80g
黄油…60g
鸡蛋…2 个
泡打粉…1/2 小匙

＊制作方法

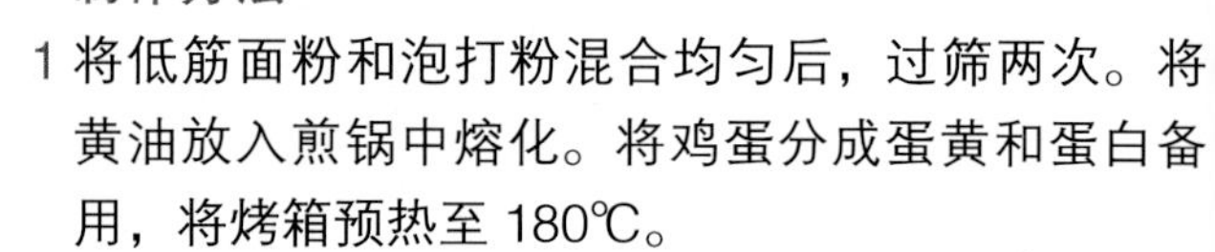

1 将低筋面粉和泡打粉混合均匀后，过筛两次。将黄油放入煎锅中熔化。将鸡蛋分成蛋黄和蛋白备用，将烤箱预热至 180℃。
2 将蛋白打发至出现有棱角的奶油状后，加入 2/3 白砂糖（a），制作蛋白奶油。
3 分离出来的蛋黄中加入剩余白砂糖（b），打发至蓬松的奶油状，放入 2 的蛋白奶油中（c）。
4 将 1 粉加入进去，用橡皮刮刀搅拌均匀（d）。加入黄油（e），简单混合一下。
5 烤盘中放入纸杯，将材料分成 8 等份放进去（f），用 180℃烘烤 20 分钟，至出现表面为黄褐色的蛋糕。竹签插进去之时，蛋糕不沾在竹签上，表明烘烤成功。

材料的组合使用

黑色可可

将低筋面粉20g换成黑色可可粉，混合均匀后过筛，制作基本面糊。根据喜好，可以加入巧克力粒或者捣碎的薄荷叶等，同样非常好吃。

→P40 、P54、 P107、 P108

小豆

制作基本面糊，在烘烤之前加入煮熟的小豆10g混合均匀。此蛋糕适合日式装饰风格，是一款比较香甜的高档蛋糕。

→P36

抹茶大理石

将低筋面粉90g分成50g和40g两份。在40g低筋面粉中加入抹茶粉10g混合均匀。完成制作方法中的第3步骤之后，将面糊分成2等份，加入不同粉。两种面糊倒入纸杯中，用竹签简单混合一下，用170℃烘烤20～25分钟。根据喜好，可以加入糖水煮过的甜绿豆，同样非常好吃。

→P41

加入喜爱的辅料

加入可可、抹茶等粉末时，将低筋面粉的10%～20%换成可可粉等其他粉末，然后与低筋粉混合均匀，过筛备用。加入巧克力粒、橙皮等固态物时，低筋粉的量不变，面糊中增加10%～20%粉末。加入两种以上的材料时，占10%～20%的量即可。

英式马芬面糊→**P34**时也使用同样的方法。

沉甸甸的质感，富含美味的面糊，与厚厚的奶油非常相配。

BASIC 2

基本英式马芬

a

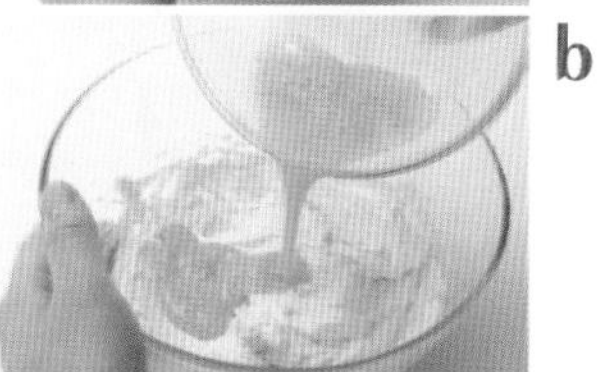
b

c

d

e

＊材料（直径 6cm 的英式马芬 约 6 个）
低筋面粉…220g
白砂糖…100g
黄油…100g
鸡蛋…2 个
牛奶…80ml
泡打粉…2 小匙
盐…适量

＊制作方法

1 将低筋面粉和泡打粉混合均匀后、过筛两次备用。黄油放在室温下软化。烤箱预热至 180℃。
2 将黄油搅打成乳霜状。将白砂糖分 2 ~ 3 次加入进去，搅拌至出现奶白色（a）。加入盐、打碎的鸡蛋分成 2 ~ 3 次加入进去混合均匀（b）。
3 将 1 面粉中的一半加入进去，用橡皮刮刀混合均匀（c）。加入一半牛奶混合均匀（d）。剩余的粉末和牛奶分别加入进去，搅拌至面糊非常柔和为止。
4 将面糊放入纸杯中，大约七分满（e），用 180℃烘烤 25 分钟，烤出来的蛋糕出现黄褐色即可。用竹签插进去之时，蛋糕不沾在竹签上，可视为烘

材料的组合使用

水果干和干果

制作基本面糊后，在烘烤之前加入水果干和干果（核桃、榛子等）20g 混合均匀。将水果干浸泡在朗姆酒中约 3 天时间，使水果干变得柔软、好吃。

→ **P47**

紫薯和南瓜

将低筋面粉 30g 换成紫薯粉混合均匀，烘烤之前放入南瓜 70g（切成 1.5cm 宽的小块，用白砂糖和水简单煮过更好）。是一款味道和卖相都非常好的蛋糕。

→ **P48**

不甜的英式马芬

味道像主食，但有面包的劲道质感。→ **P61**

* 材料（直径 5cm 的英式马芬 6 个）

低筋面粉…100g
高筋面粉…50g
白砂糖…1 大匙
黄油…20g
鸡蛋…1 个
牛奶…100ml
酸奶（无糖）…70g
泡打粉…2 小匙
盐…适量

* 制作方法

1 将低筋面粉、高筋面粉、泡打粉混合均匀。黄油放在煎锅中熔化，鸡蛋打碎备用，将烤箱预热至约 190℃。
2 将 1 面粉中以外的材料用泡打器打发均匀，分成 2 等份备用。将 1/3 粉末加入进去，用橡皮刮刀混合均匀。将剩余粉末加进去之后，混合均匀（不要搅拌过头）。
3 将面糊放入杯子中，大约五分满，在 190℃下烘烤 20 ~ 25 分钟。

小小的五彩线球

* 材料（3 个）

基本杯子蛋糕→ **P32**

面糊中加入小豆后烤出的蛋糕 3 个

蛋白糖霜→ **P20**

涂层（柔和）白色

线条（黏稠）红色、紫色、黄色、黄绿色

* 工具

挤花袋…4 个

* 装饰

1 用勺子取蛋白糖霜放置于杯子蛋糕的正中央，用勺子的背面将奶油平铺，涂满表层（a）。

2 表面完全干透之后，将 4 种绘线用彩色奶油分别放入挤花袋（无挤花嘴）中，画出彩色线条（红、紫、黄、黄绿）14 ~ 16 条。首先画几条红线（b），再画其他颜色线条。线条和线条之间留充分的空隙，防止颜色晕染在一起（c）。

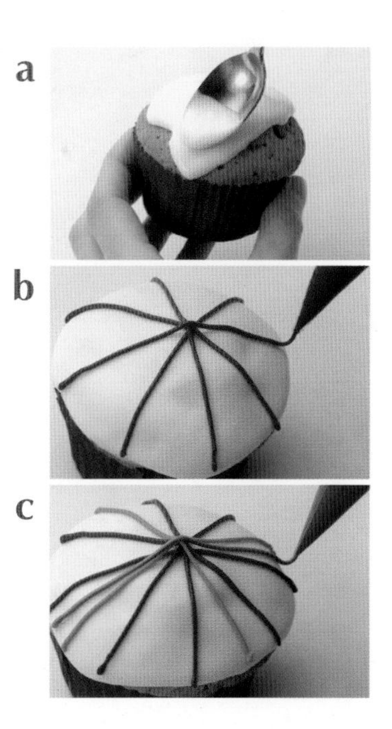

* 要点

如果多加几条红色的线条，圆形更加突出，更加像彩线球。

唤起幸福的铃兰

＊材料（4个）

基本杯子蛋糕→ **P32**

（面糊中加入橙皮屑和白巧克力屑后，烘烤出来的蛋糕）…4个

蛋白糖霜→ **P20**

- 茎、叶子（黏稠）：黄绿色
- 花（黏稠）：白色

＊工具

挤花袋…3个

挤花嘴（口径为9mm树叶形）

＊装饰

1 用装入黄绿色奶油的挤花袋（没有挤花嘴）挤出茎的形状（a），叶子用另一个挤花袋（挤花嘴：树叶形）挤出（b）。→ **P26**

2 用装入白色奶油的挤花袋（没有挤花嘴）沿着茎挤出5个大圆点（c）。在大圆点下边分别点3个小圆点（d）。

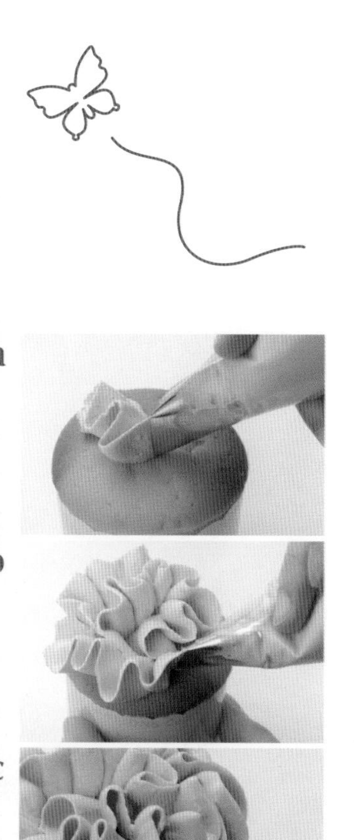

母亲节，灌入对母亲的爱

＊材料（2个）

基本英式马芬→ **P34**…2个

奶油蛋白霜→ **P21**

- 花瓣：粉色
- 叶子：黄绿色

＊工具

挤花袋…2个

挤花嘴（口径 20mm 玫瑰形，口径 9mm 树叶形）

＊装饰

1 用装入奶油蛋白霜（粉色）的挤花袋，挤出康乃馨形。从英式马芬的中间部位开始挤出，不断地转动蛋糕，挤出旁边的花瓣（a）（b）。→ **P25**

2 用装入奶油蛋白霜（黄绿色）的挤花袋（挤花嘴：树叶形），挤出叶子形状（c）。→ **P26**

散步的瓢虫

＊材料（3个）

基本杯子蛋糕→ **P32**

（面糊中加入黑可可粉和巧克力屑混合均匀后，烘烤出来的蛋糕；或者是普通面糊烘烤出来的蛋糕）…3个

蛋白糖霜→ **P20**

- 线条，造型（黏稠）：黑色
- 涂层用（柔软）：红色

＊工具

挤花袋…1个

＊装饰

1 瓢虫的头部线条用装入黑色奶油的挤花袋（无挤花嘴）来描绘（a）。表面干到一定程度之后，身体部分用装入红色奶油的挤花袋装饰（b）。

2 表面完全干透之后，画背部线条、黑圆点和眼睛（c）。

＊要点

蛋糕表面出现了裂痕时，用勺子取一些奶油填上，则干透时不会留下痕迹。

a

抹茶奶油　~ 樱花季节 ~

＊材料（4 个）

基本杯子蛋糕→ **P32**

（面糊中加入抹茶和煮过的甜绿豆之后，烘烤出来的蛋糕）…4 个

打发鲜奶油→ **P23**

黑蜜…1/3 大匙

盐渍樱花…8 个

＊装饰

1 将盐渍樱花放入清水中约 10 分钟，去掉盐分，用干净的厨房用纸去掉水分。

2 在打发出来的奶油中加入黑蜜混合均匀。

3 用小匙取一些奶油，放在杯子蛋糕之上装饰。摆一个长条奶油造型即可（a）。把樱花放在鲜奶油上点缀。

献给已故画家的向日葵

＊材料（3个）

基本英式马芬→ **P34**

（面糊中加入切成条的柠檬皮混合均匀后，烘烤出来的蛋糕）…3个

奶油蛋白霜→ **P21**

…花蕊：灰色

…花瓣：黄色

…叶子：黄绿色

黑芝麻：适量

柠檬皮切条：适量

＊工具

挤花袋…4个

挤花嘴（口径14mm/3mm圆形，口径15mm椭圆形，口径9mm树叶形）

＊装饰

1 在英式马芬的中央部分，用装入灰色奶油蛋白霜的挤花袋（挤花嘴：14mm圆形）挤出一个大圆形（a）。

2 在1的奶油蛋白霜的周围，用装入黄色奶油蛋白霜的挤花袋（挤花嘴：3mm圆形）挤出2圈小圆点（b）。在黄色圆点周围，再用另一个挤花袋（挤花嘴：椭圆形）画出花瓣（c）。

3 在花瓣周边用装入黄绿色奶油蛋白霜的挤花袋（挤花嘴：树叶形）挤出叶子的形状。→ **P26**

4 用柠檬皮切条装饰一下。

＊变化款

花蕊部分的奶油蛋白霜，不使用食用色素，而用黑芝麻糊代替，也会非常好吃。

包装 1

可以安心移动的小建议

使用朴素、简单的小纸盒和别针的装饰方法。将蛋糕固定在纸盒里，不使用盖子，蛋糕本身作盖子，拿出来时非常方便。即使有一定高度的装饰蛋糕也适用。

若使用透明材质的盒子，即使不做固定包装，用一个装饰带就足够可爱。在拜访友人时作为见面礼，或者作为自己的一点心意送给朋友，都是很好的选择。

＊包装方法

1 在杯子蛋糕的底部和盒子底盘上，用刀剪一个 5mm 左右的口子，在盒子底盘上插入别针，露在外面的别针上固定杯子蛋糕，使其不晃动。

2 将盒子盖好之后，用贴纸将口封好，使用装饰带装饰一下即可。

＊包装过程使用的工具

固定蛋糕时，使用别针式铆钉非常方便。也可以使用钻孔机（将胶状的树脂产品，用热量熔化的方式黏结在一起的工具）固定。

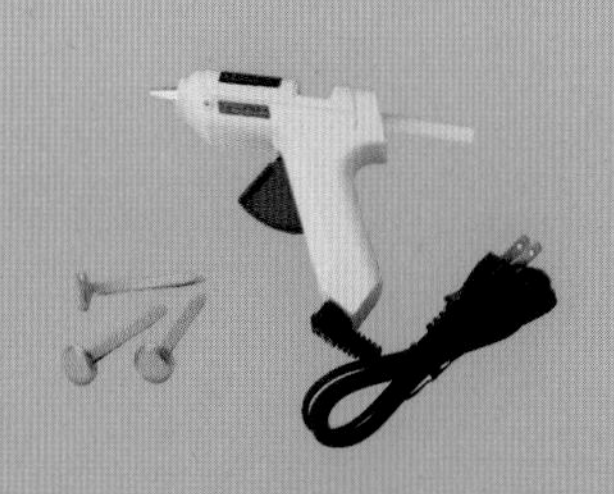

夏天的水果

＊材料（3个）

基本英式马芬→ **P34**…3个

芝士奶油霜→ **P22**

市售魔芋果冻…2个

自己喜爱的新鲜水果（蓝莓、覆盆子、猕猴桃、香瓜、杨桃、红鹅梅等）…适量

果胶…适量

＊工具

挤花袋…1个

挤花嘴（口径14mm 8角星形）

糕点用羊毛刷

＊装饰

1 将水果切成装饰时使用的小块备用（将杨桃切成薄片），魔芋果冻切成碎末。

2 在英式马芬上面，用装入芝士奶油霜的挤花袋（挤花嘴：8角星形）挤出螺旋形状。首先，在蛋糕中央挤出一个柱形，在其周围挤一个螺旋状（a）。

3 用水果装饰之后，在他们的表面涂上果胶（b），再用勺子取一些果冻，撒在上面（c）。

＊要点

果胶是增添光泽时使用的材料，在制作糕点、糖果时经常使用。经常涂在蛋糕或水果的表面，干透之后既保持水果的鲜度又可保持光泽。

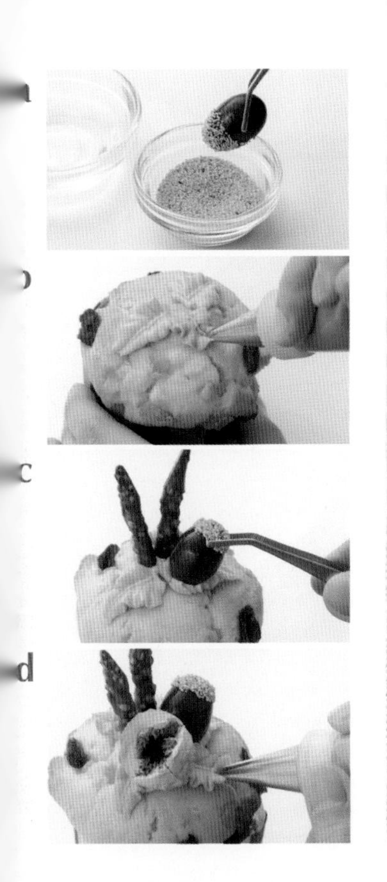

森林中的栗子和果实

＊材料（3 个）

基本英式马芬→ **P34**

（面糊中加入水果干和坚果，混合均匀后烤出来的蛋糕）…3 个

蛋白糖霜→ **P20**

叶子（黏稠）：绿色，黄绿色

无花果干（白色）…3 个

芝麻…适量

杏仁巧克力粒…3 粒

巧克力棒…6 根

＊工具

挤花袋…2 个

挤花嘴（口径 9mm 树叶形）

镊子

＊装饰

1 将杏仁巧克力粒的上半部分蘸一些热水使其软化后，蘸上芝麻（a），放入冰箱中放凉。将巧克力棒的尖端剪成斜坡状。

2 用装入黄绿色蛋白糖霜的挤花袋（挤花嘴：树叶形）挤出树叶形（b）。→ **P26**

3 趁蛋白糖霜未干时，装饰 1 的巧克力粒和无花果干（c）。用装入绿色蛋白糖霜的挤花袋（挤花嘴：树叶形）挤出其他颜色的叶子（d）。

＊要点

水果干和无花果干若放入朗姆酒中浸泡 2 ~ 3 日，则香味更浓厚、柔软。

蜘蛛侠

* 材料（3个） 蜘蛛网形纸→ **P65**

基本英式马芬→ **P34**

（面糊中加入紫薯粉或南瓜粉，混合均匀后烤出来的蛋糕）…3个

南瓜奶油霜→ **P23**

蛋白糖霜→ **P20**

…蜘蛛网补件（黏稠）：黑色

南瓜子…适量

* 工具

挤花袋…2个

挤花嘴（口径14mm 8角星形）

* 装饰

1 蜘蛛网部件用黑色糖霜制作（a）。→ **P64**

2 在英式马芬上面，用装入南瓜奶油霜的挤花袋（挤花嘴：8角星形）挤出螺旋状。首先，在蛋糕中央挤出一个支柱，在支柱周围挤出螺旋状（b）。

3 将南瓜子撒在已装饰好的英式马芬上，再插上蜘蛛网即可（c）。

* 要点

蜘蛛网用稍粗的线条制作，则不容易坏。因为它很容易软化，所以最好在食用之前装饰。

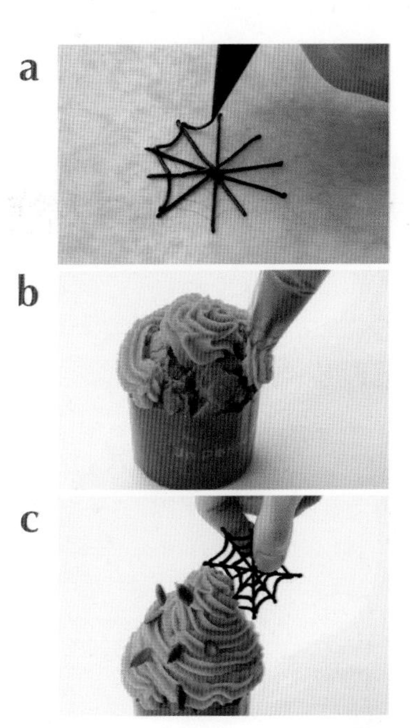

可爱的小狮子

＊材料（4个）

基本杯子蛋糕→ **P32**…4个

奶油蛋白霜→ **P21**

…鬃毛：红色

…鼻子周边：淡茶色

蛋白糖霜→ **P20**

…舌头（黏稠，柔软）：红色

…须子（黏稠）：茶色

巧克力…12粒

＊工具

挤花袋…4个

挤花嘴（口径3mm圆形，口径13mm玫瑰形）

＊装饰

1 用红色糖霜制作舌头部件（a）。→ **P64**

2 用装入红色奶油蛋白霜的挤花袋（挤花嘴：玫瑰形）挤出鬃毛。围绕杯子蛋糕，上下挪动花嘴，在蛋糕边缘挤一圈鬃毛（b）。

3 将舌头放在杯子蛋糕上，用装入淡茶色奶油蛋白霜的袋（挤花嘴：圆形）挤出鼻子的形状（c）。在眼睛和鼻子的位置上分别放上巧克力豆，用装入茶色的蛋白糖霜挤出须子的形状（d）。

＊变化款

制作淡茶色奶油蛋白霜时，可以用可可粉代替食用色素，这样会更好吃。

自然界的小鸟

＊材料（2个） 小鸟纸形→ **P65**

基本杯子蛋糕→ **P32**…2个

奶油蛋白霜→ **P21**

┈羽毛：白色、褐色、黄色、黄绿色

蛋白糖霜→ **P20**

┈小鸟身体（黏稠、柔软）：茶色

市售细饼干棒…4根

＊工具

挤花袋…5个

挤花嘴（口径3mm圆形）

＊装饰

1 用蛋白糖霜（茶色）制作小鸟的身体（a）。→ **P64**

2 用装入白色、褐色、黄色、黄绿色奶油蛋白霜的挤花袋（挤花嘴：圆形），挤出小鸟的4色羽毛。注意不要让相同颜色的奶油挨在一起（b）。

3 将细长的饼干棒折成2～3cm的长度（c），插入小鸟身体模型下即可。

a

b

c

月亮日历　~ 月之圆缺 ~

* 材料（5 个）
基本杯子蛋糕→ **P32**
（混入黑可可粉的面糊 / 烘烤之前的面糊）
…5 个
基本饼干→ **P70**
（加入黄色食用色素后的面糊 / 烘烤之前的面团）…5 个
黄油…适量

* 工具
饼干造型模具（直径 3cm 圆形）
挤花袋…1 个
挤花嘴（口径 14mm 圆形）

* 装饰
1 在基本饼干面团中取下 5 个小面团，用小刀切成月亮圆缺情况不相同的 5 个月亮的形状，用 160℃烘烤 5 分钟。不要使烤出来的饼干上出现焦色。
2 在杯子蛋糕的模具内侧涂上充足的黄油，放入烘烤出来的月亮（a）。
3 挤花袋（挤花嘴：圆形）中装入杯子蛋糕的面糊，往杯子中挤入面糊（b）。注意不要让里面的月亮移动位置。用 170℃烘烤 20 ~ 25 分钟。
4 从杯子中取下蛋糕放凉，用力切去表面不平整的部分（c），摘下烤纸。

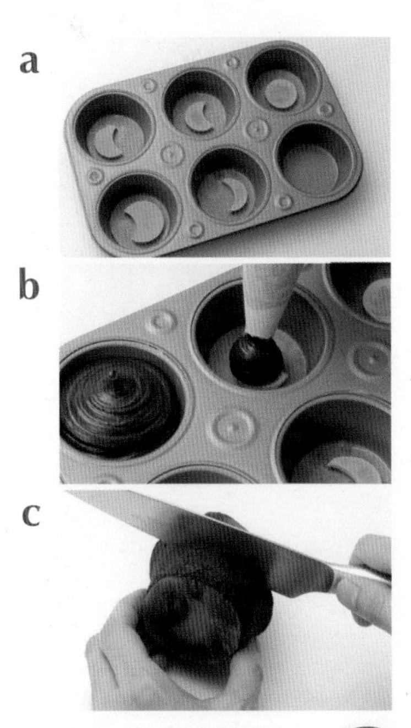

包装 2

利用竹制品演绎日式风格

利用竹制品和日式纹路布条包裹的包装。
刚烤出来的饼干，小小的五彩线球→ P36
唤起幸福的铃兰使用了→ P38 中的奶油糖霜，向高贵的杯子蛋糕进军。

将朴素的月亮饼干与日式布料相结合，创造出朴素而高档的感觉。在赏月的晚上，若拿着这样的礼物，应该非常美妙吧。

* 包装方法

1 将烘焙用纸剪切成正方形的小块，把蛋糕一个个的包起来，放入铺了一层布的竹制箱中，盖上盖。

2 用相同布料包扎竹箱，使箱子盖不会轻易打开。

※因为箱子过大，里面的蛋糕会晃动，可以先放入透明的塑料盒子里，再放入竹箱中。

天使

* 材料（4个）天使羽毛纸形→ **P65**

基本杯子蛋糕→ **P32**…4个

蛋白糖霜→ **P20**

…天使的羽毛模型（黏稠，柔软）白色

…装饰（黏稠）：白色、黄绿色

银糖果粒（大小）…适量

* 工具

挤花袋…3个

挤花嘴（口径9mm树叶形，口径5mm8角星形）

镊子

* 装饰

1 用蛋白糖霜制作天使的羽毛（白色）（a）。→ **P64**

2 用装入白色蛋白糖霜的挤花袋（挤花嘴：树叶形）在蛋糕周边随意挤出花形（b），在未干之时装饰小银糖果粒（c）。

3 用装入黄绿色蛋白糖霜的挤花袋（挤花嘴：8角星形）在蛋糕的正中央挤出小螺旋状（d），在未干之时装饰大银糖果粒。

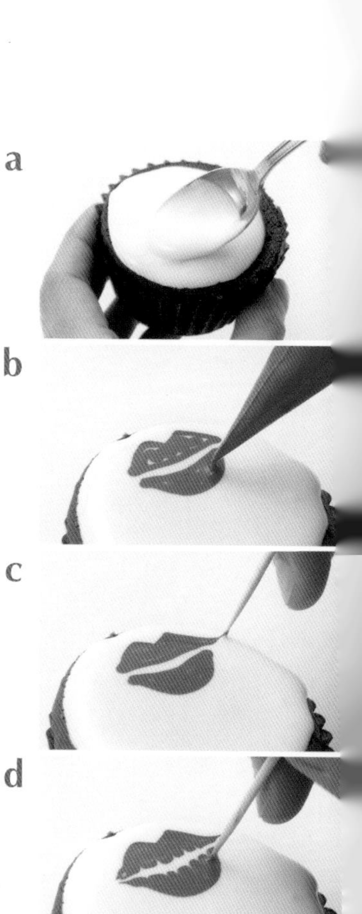

亲吻我吧！

*** 材料（3个）**

基本杯子蛋糕→ **P32**

（在挤出面糊中加入了黑可可后烘烤出来的蛋糕）…3个

蛋白糖霜→ **P20**

涂层（柔软）：白色

装饰（柔软）：红色

*** 工具**

挤花袋…1个

牙签

*** 装饰**

1 将蛋糕表面切成平面，用白色蛋白糖霜涂一层（a）。

2 未干之时，用装入红色蛋白糖霜的挤花袋（无花嘴）挤出嘴唇形状。先画轮廓，再涂里边（b），用牙签勾画嘴唇周边（c）和嘴唇的纹路。嘴唇纹路由白色向红色方向拉着画（d）。在嘴唇旁绘出kiss字样。

*** 要点**

牙签上沾的糖霜要时刻擦掉。

粉色奶油花园

* 材料（4 个）
不甜的英式马芬→ **P35**…4 个
三文鱼奶油奶酪→ **P23**
小柿子…适量
香草…适量
开心果粒…适量

* 工具
挤花袋…1 个
挤花嘴（口径 10mm 圆形）

* 装饰
1 在杯子蛋糕上，用装入三文鱼奶油奶酪的挤花袋（挤花嘴：圆形）挤出粗圆螺旋状奶油。在蛋糕正中央画一个大圆点作为支柱（a）。
2 将切成片状的小柿子排成一列，用香草和开心果粒点缀（b）。

* 变化款
在食用前根据喜好撒一些橄榄油，也非常好吃。

Patisserie

草莓花盆

* 材料（7.5cm×18cm 的蛋糕 1 个）

基本杯子蛋糕→ **P32**

在长方形纸杯中装入一半的面糊，烘烤出来的蛋糕）…1 个

蛋白糖霜→ **P20**

…花瓣（黏稠）：白色、黄色

…叶子（黏稠）：绿色

打发鲜奶油（2 倍的量）→ **P23**

新鲜水果（草莓、覆盆子、蓝莓、红醋栗等）…适量

* 工具

挤花袋…3 个

挤花嘴(口径 3mm 圆形，口径 9mm 树叶形)

调色

* 装饰

1 用蛋白糖霜（白色、黄色）制作花瓣部件（a）。→ **P64**

2 将鲜奶油涂在蛋糕之上，用调色刀将其铺平（b）。在打发鲜奶油之上，用勺子取一些奶油制作小山。这种小山制作 5 个（c）。

3 装饰水果（d），用装入绿色蛋白糖霜的挤花袋（挤花嘴：树叶形）挤出各种形状树叶（e）。→ **P26**

4 装饰事先做好的花瓣部件。

* 要点

蛋白糖霜制作的叶子和花遇水容易即化，请在食用之前装饰。

a

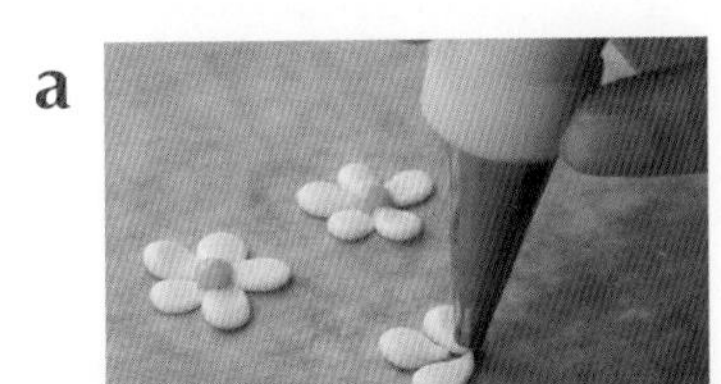

b

c

d

e

各种部件制作！

各种部件干燥比较费时间，所以要提前制作好。

糖霜部件

复制 **P65** 的纸形，将烘焙用纸放在上面，用糖霜在上面描绘部件的形状。制作完成的部件容易折断，要轻拿轻放。糖霜部件遇奶油中的水分也容易化掉，食用之前装饰较好。

花的制作方法→ **P26**

* 糖霜部件的制作方法

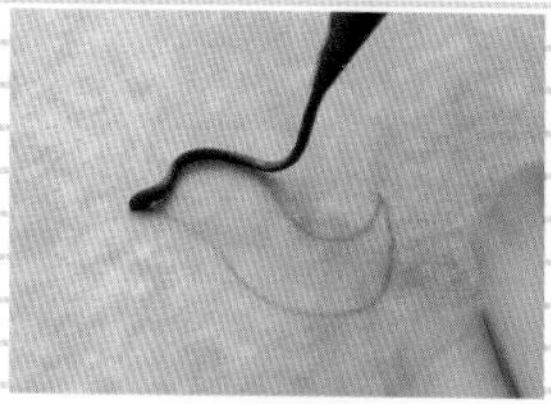

1 用黏稠的糖霜画外围线。

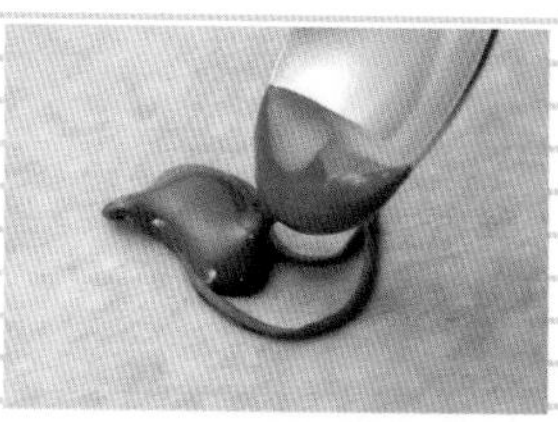

2 用柔软的糖霜将部件的内部填满。

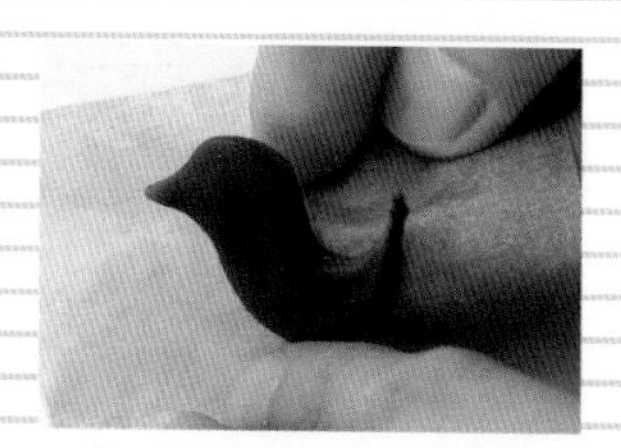

3 完全干透之后，从烤纸上拿下来。

糖霜部件的纸形

将下面的图案复制使用。

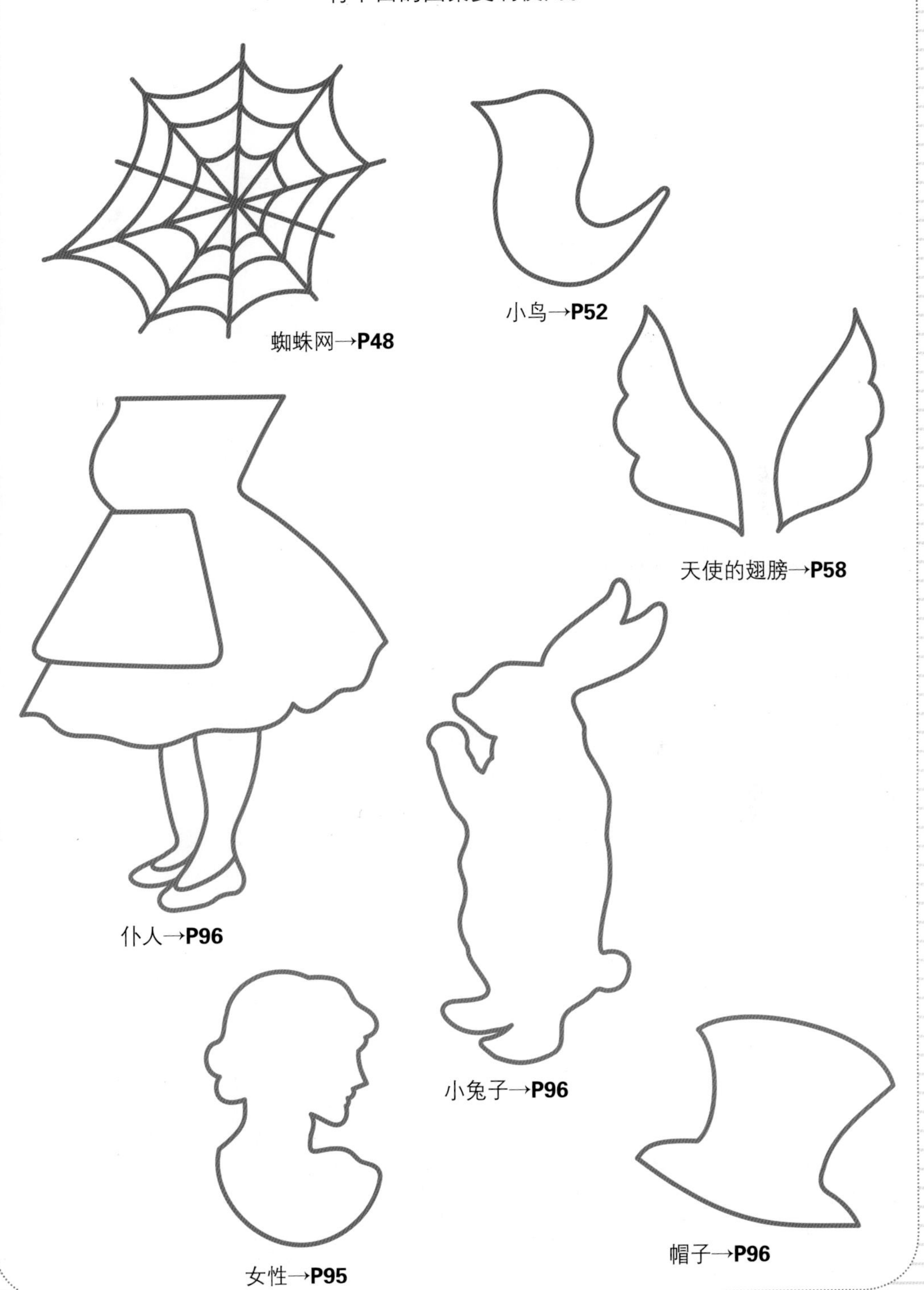

翻糖装饰

如果可以制作以下部件，装饰的范围将扩大很多。翻糖装饰干透之后，变成硬的装饰品，可在常温下保持 1 ~ 2 个月。如果是不可食用、仅供观赏的装饰品，则保存时间更长。

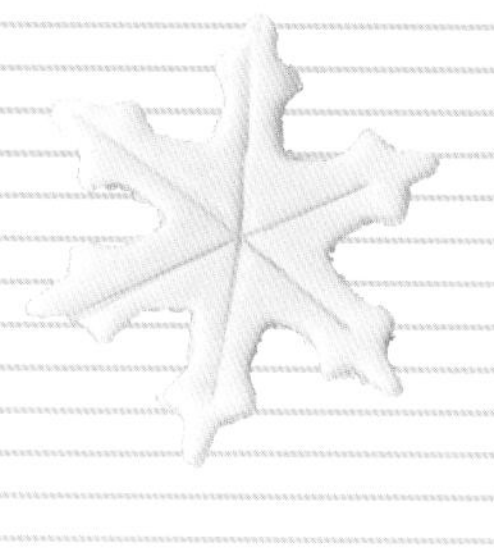

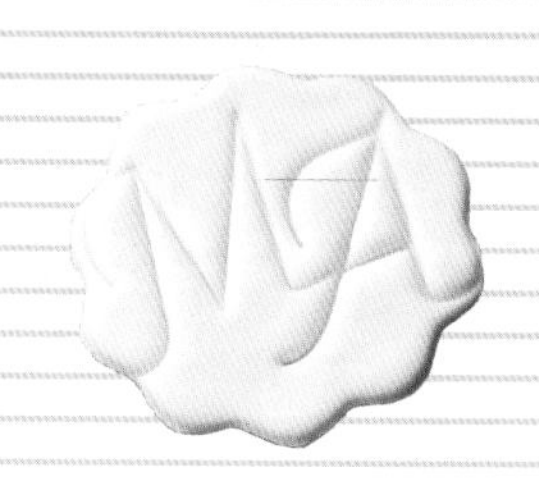

* 白色翻糖膏的制作方法

※制作部件之前，先将干佩斯粉用水搅拌成膏状。

1 白糖膏粉200g加入20ml水，用橡皮刮刀混合均匀。

2 形成膏状之后，用手擀成一小团。

3 这个时候的白色翻糖膏还是很蓬松的状态。

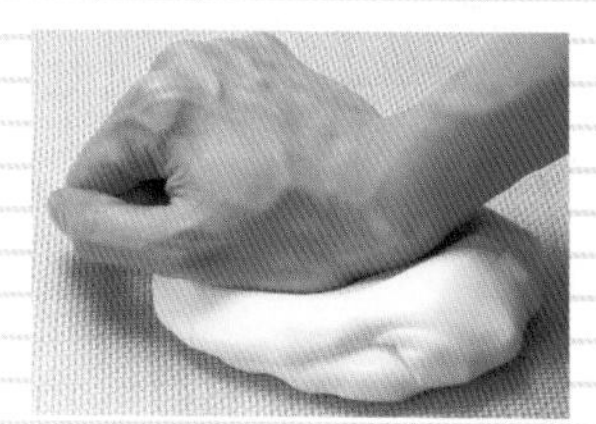

4 将白色翻糖膏放在面台上，用力揉捏。

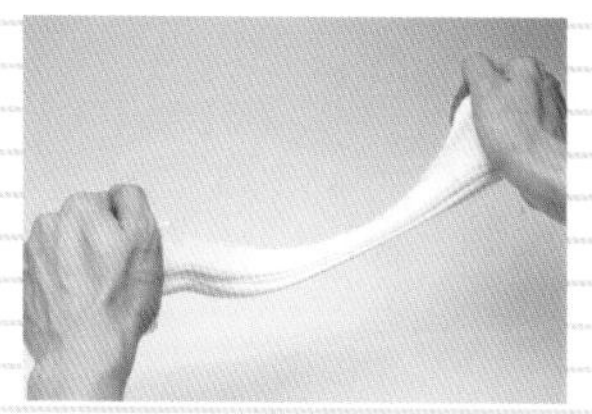

5 如果白色翻糖膏可拉成柔软的长条形，可视为完成。

*** 要点**

揉捏完成的白色翻糖膏不易保存，制作成各种形状的部件后保存比较好。

处理方法

在处理白色翻糖膏粉时，为了防止灰尘或不干净的东西混入进去，周围要保持干净。

揉捏白色翻糖膏时，在面台上撒一些酥油，这样翻糖膏不容易沾手。膏状的东西容易干燥，揉捏完成后用保鲜膜包好，用时取一些制作部件即可。一旦干燥之后，就不能恢复原状，所以干燥的部分应揪下来扔掉。

* 平面装饰的制作方法

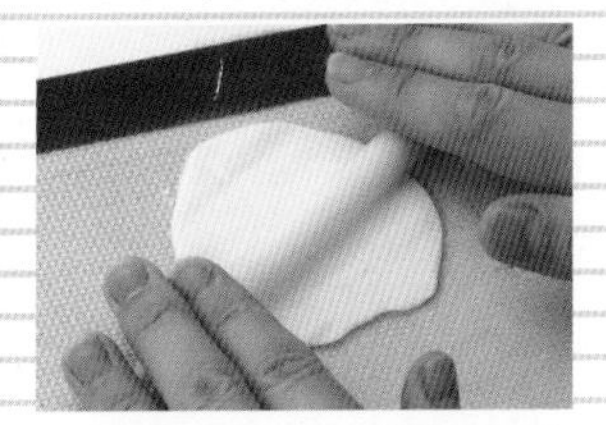

1 在撒了玉米淀粉的面台上，将白色翻糖膏擀成2mm厚的片状。

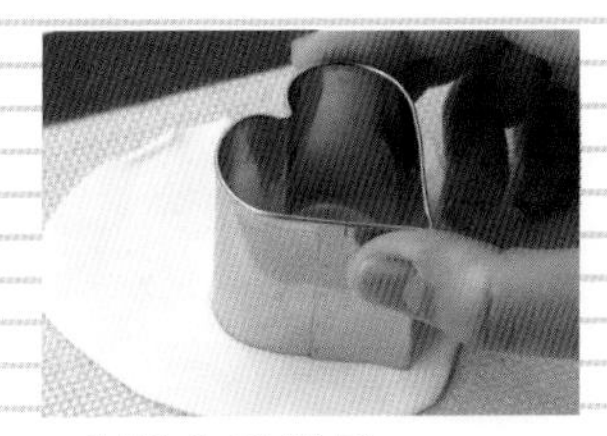

2 制作各种模型。

3 用橡皮图章在上面制作模样，或者在上面画各种图案后，放置使其干燥。

* 玫瑰装饰的制作方法

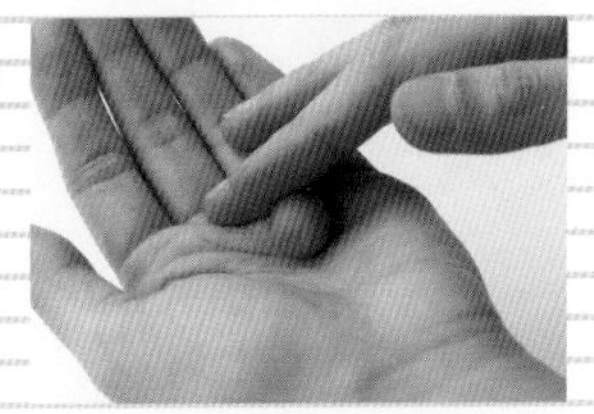

1 将加入食用色素的翻糖膏揉成直径12mm左右的球状。

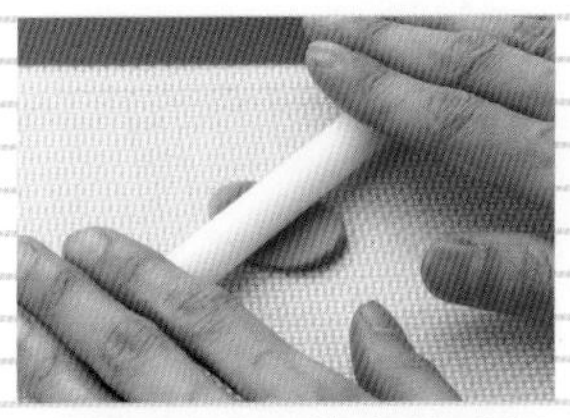

2 将圆球状翻糖膏擀成椭圆状。

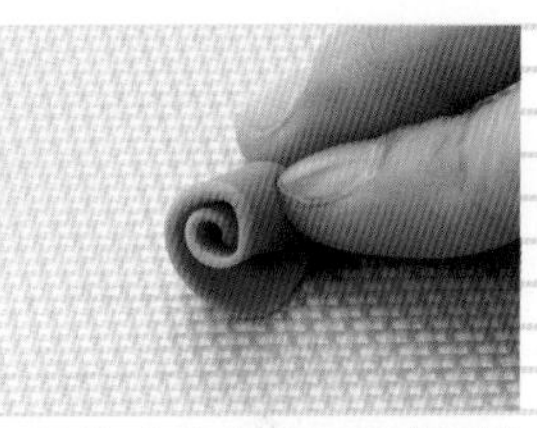

3 用指尖卷起椭圆形翻糖膏制作玫瑰的花蕊。

4 用同样的方法展开另一个翻糖膏块，粘贴在3的周围（大约7张可形成一朵玫瑰）。

5 根据喜好决定花的大小。花瓣成形后，将其干燥。

* 要点

翻糖膏接触空气，就会干燥，剩余的翻糖膏用保鲜膜包好保存。花瓣一定要一张一张地粘贴上去。

着色方法

干燥之后，做好的装饰品的颜色会变浅，所以着色时要稍深一些。

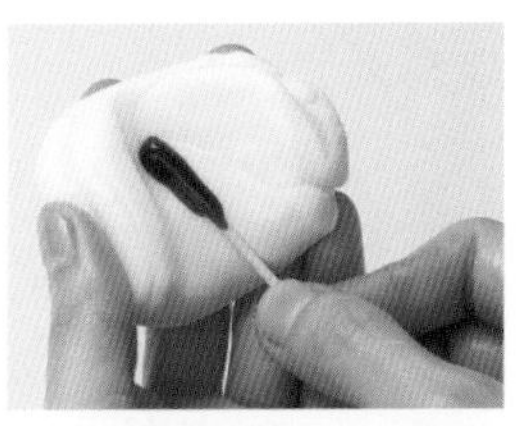

1 用牙签蘸取一些食用色素，放入翻糖膏正中央。

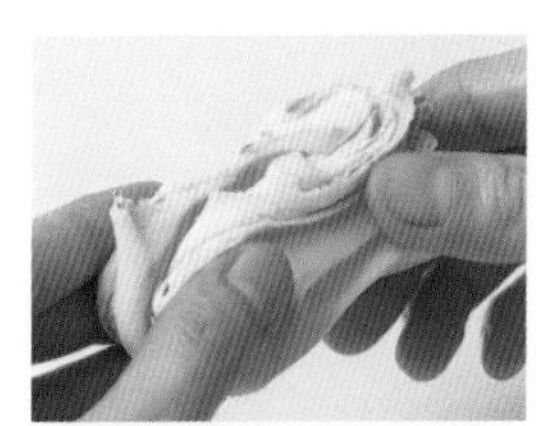

2 将翻糖膏从外向里折叠，使色素分布均匀。

Part2

饼干

在成形的饼干上涂各种糖霜，这一装饰过程非常有趣。首先从最简单的主题图案开始吧！

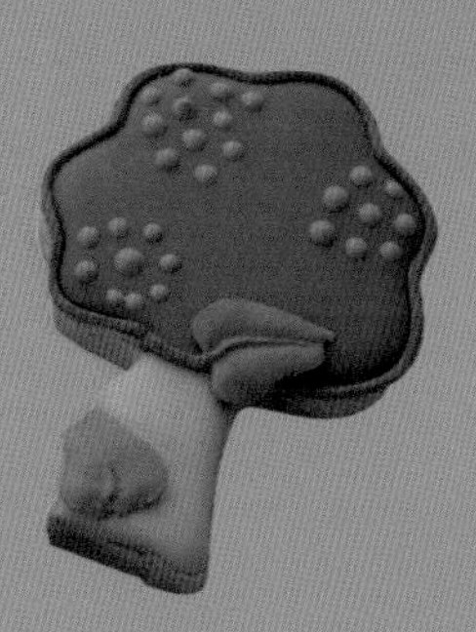

Baby

面团稍硬则更容易造型，还不会太膨胀，制作出来的形状也很规整，很适合糖霜装饰。

BASIC 3

基本饼干

＊材料（直径 6.6cm 的菊花形〈8 号大小〉饼干约 10 个）
低筋面粉…200g
糖粉（用搅拌机将白砂糖打成粉末状）…70g
蛋黄…1 个
黄油…100g
杏仁粉…35g
盐…少量
香草精…少量
※加入杏仁粉的饼干香味浓厚，非常好吃。但同时饼干也容易碎，所以也可以不加。不加杏仁粉时，将低筋面粉增加至 235g。

* 制作方法

1 将低筋面粉过筛备用。黄油放在室温下软化。
2 将黄油放入搅拌机中，打发成奶油状，加入糖粉（a），搅拌至蓬松的状态。加入蛋黄和香草精混合均匀（b）。
3 加入低筋面粉、杏仁粉、盐，用手搅拌均匀（c），揉成一团之后，用保鲜膜包好，放入冰箱中静置约 30 分钟。
4 将烤箱预热至 170℃。在面台上撒一层低筋面粉，放上面团，用擀面杖擀成 4 ~ 5mm 厚的薄片（d）。从面团上摘下自己喜爱的形状（e）。
5 将制作出来的各种部件放在烤纸上，再放入烤箱中，用 170℃烘烤约 10 分钟。再将饼干翻过来使另一面朝上，再烘烤 7 ~ 10 分钟。

* 变化款

将低筋面粉 40g 换成可可粉后制作面团，就能成为可可面团。

饼干要注意防潮

烤出来的饼干在湿气大的情况下容易碎掉，吸收糖霜中的水分也容易受潮。所以，湿气较大的夏天应该更加注意保存。在弄干饼干表面的糖霜时，建议在饼干下面放干燥剂。做好的饼干放入密封容器中保存。

a

b

c

d

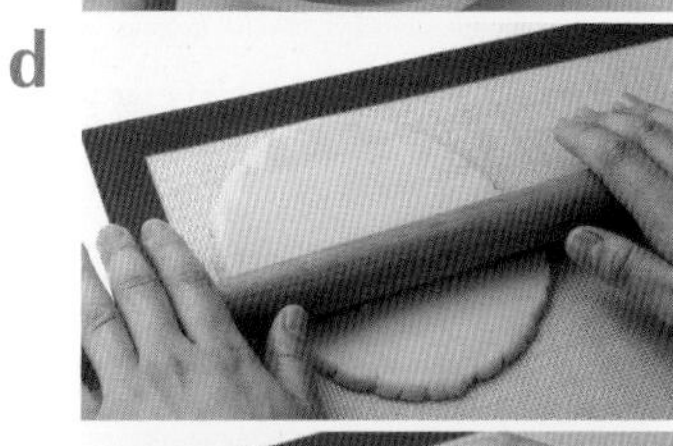

e

一口酥小花饼干

＊材料（约 15 个）

基本饼干→ **P70**（直径 2.5cm 的圆形饼干）
蛋白糖霜→ **P20**
┌花瓣（黏稠）：白色、粉色、蓝色
├花蕊（黏稠）：黄色
└叶子（黏稠）：黄绿色

＊工具

饼干形（2.5cm 的圆形）
挤花袋…5 个
挤花嘴（口径 13mm 平口形，口径 9mm 树叶形）
※如果没有平口形挤花嘴，则用玫瑰形代替。

＊装饰

1 用装入白色、粉色、蓝色的挤花袋（挤花嘴：平口形）挤出花瓣形状（a）。→ **P26**
2 用装入黄绿色蛋白糖霜的挤花袋（挤花嘴：树叶形）挤出树叶形状（b）。→ **P26**
3 用装入黄色蛋白糖霜的挤花袋（无挤花嘴）挤出花蕊（c）。→ **P26**

礼品盒

* 材料（约 6 个）

基本饼干→ **P70**

（将可可面团切割成边长约 6cm 的正方形形状后，烤出来的饼干）

蛋白糖霜→ **P20**

- 外围线、领带（黏稠）：白色、浅紫色
- 涂层（柔软）：白色、浅紫色

* 工具

挤花袋…2 个

* 装饰

1 用装入白色和浅紫色蛋白糖霜的挤花袋，在饼干四周画外围线（a）。

2 干到一定程度之后，外围线内用白色或浅紫色蛋白糖霜涂层（b）。

3 表面干透之后，用与底面颜色不同的蛋白糖霜（白或浅等）画一个漂亮的领结（c）。

天然小花篮

* 材料（约 10 个）

基本饼干→ **P70**

（制作花篮的形状后烤出来的饼干）

※提手部分也要做出来。

蛋白糖霜→ **P20**

└花、花纹（黏稠）：白色

* 工具

饼干形（花篮形）

挤花袋…2 个

挤花嘴（口径 3mm 圆形）

* 装饰

1 用装入白色蛋白糖霜的挤花袋（挤花嘴：圆形）挤出花的形状（a）。→ **P26**

2 用另一个挤花袋（无挤花嘴）挤出曲线和圆点（b）。

* 要点

画曲线时，将挤花袋稍稍离开饼干表面，在空中画曲线。边看着出来的形状，边慢慢地着地即可。

三色提篮

＊材料（约 5 个）

基本饼干→ **P70**

（制作花篮的形状后，烤出来的饼干）

※手提部分不用做出来。

蛋白糖霜→ **P20**

·外围线、提手、花篮的装饰（黏稠）：白色

·涂层（柔软）：白色

·花瓣（黏稠）：黄色、紫色、黑色

·叶子（黏稠）：黄绿色

·领结（黏稠）：蓝色

＊工具

饼干形（花篮形）

挤花袋…7 个

挤花嘴（口径 4mm / 9mm 玫瑰形，口径 9mm 树叶形）

＊装饰

1 用装入白色蛋白糖霜的挤花袋（无挤花嘴）在花篮上画一个外围线，干到一定程度后，用白色蛋白糖霜将中间填满，表面完全干透之后，手提部分和篮筐部分用白色蛋白糖霜画花纹状（a）。

2 用装入黄色蛋白糖霜的挤花袋（挤花嘴口：9mm 玫瑰形）在花篮上面挤出 4 个花瓣。先挤出 2 个，在上面再挤上 2 个（b）。在花朵的下方，用装入紫色蛋白糖霜的挤花袋（挤花嘴口：4mm 玫瑰形）挤出波浪形（c）。花蕊用装入黑色或黄色蛋白糖霜的挤花袋（无挤花嘴）挤出水滴状。

3 叶子用装入黄绿色蛋白糖霜的挤花袋（挤花嘴口：树叶形）挤出（d）。→ **P26**

4 用装入蓝色蛋白糖霜的挤花袋（无挤花嘴）挤出领结。

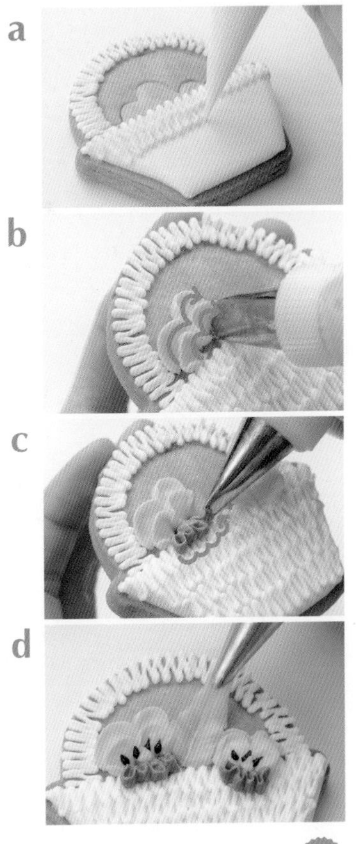

蔬菜部队

材料（2 套约 14 个）蚕豆形纸→ **P126**

基本饼干→ **P70**

（玉米形、菜花形、蚕豆形、直径为 5cm 的圆形等。切割成 8cm × 5cm 直角三角形后烤出来的饼干）

蛋白糖霜（2 倍）→ **P20**

外围线（黏稠）：茶色

涂层（柔软）：黄绿色、绿色、橙色、红色

玉米粒（黏稠）：黄色

叶子（黏稠）：绿色、黄绿色

工具

饼干形（玉米形、菜花形、直径 5cm 的圆形）

挤花袋…4 个

挤花嘴（口径 3mm 圆形，口径 9mm 树叶形）

牙签

装饰

1 在三角形饼干上，用装入茶色蛋白糖霜的挤花袋（无花嘴）挤出胡萝卜外围线。在 5 种形状饼干的表面上，分别用黄绿色、绿色、橙色、红色蛋白糖霜涂成各种蔬菜的形状（a）。

2 表面完全干透之后，除玉米形饼干以外都画外围线。在玉米形饼干上用装入黄色蛋白糖霜的挤花袋（挤花嘴口：圆形）挤出玉米粒状（b），再用装入黄绿色蛋白糖霜的挤花袋（花嘴口：树叶形）挤出数片玉米叶子（c）。→ **P26**

3 用牙签粗的一端蘸取绿色蛋白糖霜放在菜花上，制作几个小圆点（d）。

4 菜花、胡萝卜、柿子的叶子用装入绿色蛋白糖霜的挤花袋（挤花嘴口：树叶形）挤出来。→ **P26**

a

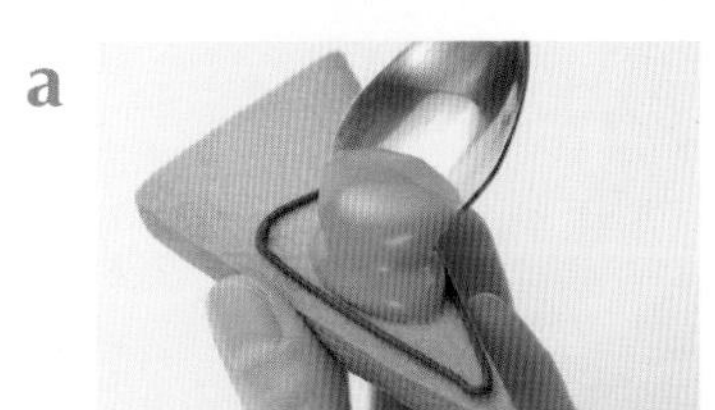

b

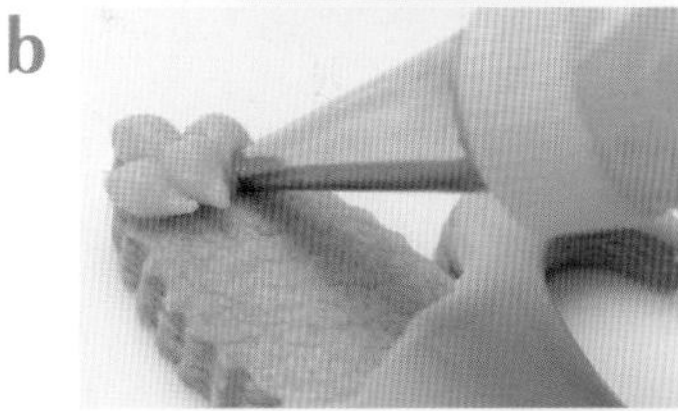

c

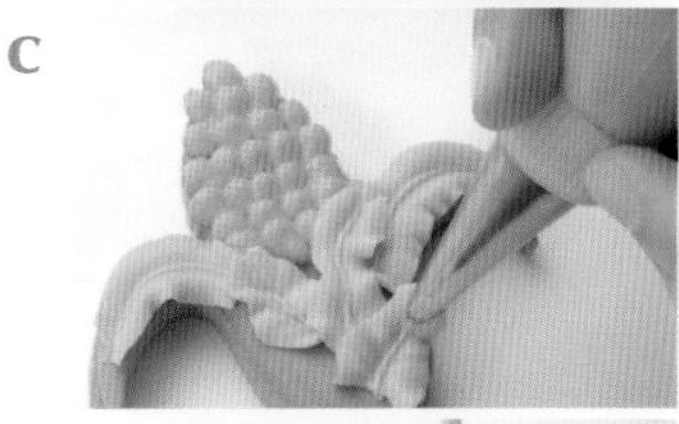

d

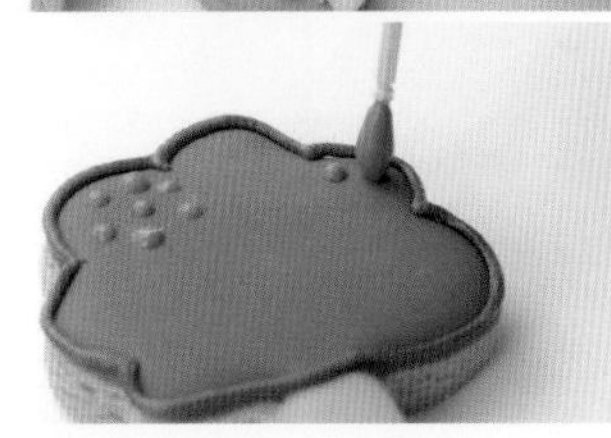

包装 3

特殊场合赠送的礼品

将新鲜的蔬菜饼干装入花篮式小盒子里，游玩的心情洋溢开来。

制作出满意的饼干后，包装方式也要格外精心。

满怀收获蔬菜的心情，将蔬菜摆放在沙土一样的糖粉之上。之后这些糖粉可以使用在各种料理的制作上。

* 包装方法

1 在铝制小盒上铺一层烤纸，放入糖粉（或者是红糖粉）后摆放蔬菜饼干。

2 用包装袋将铝盒全部包装好，两端用订书器订上，用漂亮的彩丝带打结。

True love
True love
EGRAL PART OF
A DESIGN PRO
ATURAL INSTINCT IS
LD NOT FEEL "FULLY
ER FOR AN INTERIOR, EVEN
TO SEE A
IS THE DAY OF COMPLETION
SATISFYING, BUT THE FLOWERS ARE TH
JOY. CERTAIN PROJECTS INSPIRE ME
ERS – A SMALL INTERIOR GARDEN O
ROJECTS I DECIDE TO LEAVE THE FL
INCTIVE AND SPONTANEOUS ARRANG
THE JOY OF BEING WITH FLOWERS. FO
SIGNIFICANCE – HAVE YOU EVER NOT
FLOWER IN A VASE; OR AN
POND TO EVEN A SINGLE
AND DAISIES IN SUMMERTIME? THIS NATURAL
OUR THOUGHTS AND
EXPRESS
OFFERINGS TO
OF MANY DIFFE
STRINGS OF GARLANDS
EASTERN RELIGIONS.
BOLIZED SPECIFICALL
SPIRIT OF CELEBRAT
SURE OF USING FL
THE VERY PRES
DIATELY LIGHT
HOME TO A P
THE GARDE
FALL? FEW
ING FLO
HOME.

红红的心

* 材料（约 5 个）

基本饼干→ **P70**

（切割成宽 8cm 的心形，烤出来的饼干）

蛋白糖霜→ **P20**

…涂层（柔软）：红色

…装饰（黏稠）：白色

翻糖膏→ **P66**

…心形装饰品：白色

* 工具

饼干形（宽 8cm 和宽 4cm 的心形）

※ 4cm 心形用于装饰。

文字章（用于部件上印字）

挤花袋…2 个

挤花嘴（口径 5mm 8 角星形，口径 3mm 圆形）

* 装饰

1 用翻糖膏制作心形装饰品（白色）（a）。→ **P67**

2 饼干的上层表面用红色蛋白糖霜涂一层（b），在未干透之前放上白色翻糖膏部件。

3 表面完全干透之后，用装入白色奶油的挤花袋（挤花嘴口：8 角星形）在白色翻糖膏部件周围挤一圈贝壳状奶油花（c）。→ **P25**

4 用另一个挤花袋（挤花嘴口：圆形）在白色翻糖膏周围挤一圈大圆点。

* 变化款

如果不喜欢圆点，也可以在饼干周围挤一圈奶油花边。

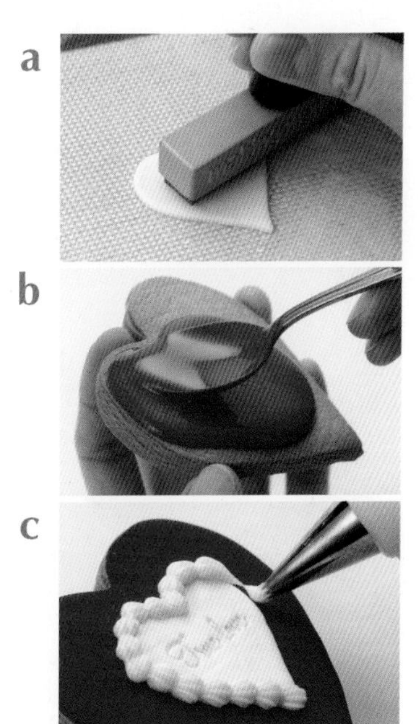
a
b
c

CANDY

粉色糖块

* 材料（约 6 个）
※糖块纸形→ **P126**
基本饼干→ **P70**
（切割成糖块模样，烘烤出来的饼干）
蛋白糖霜→ **P20**
- 涂层（柔软）白色
- 文字（柔软）白色
- 外围线，包装纸纹路线（黏稠）白色

* 工具
挤花袋…2 个

* 装饰
1 将饼干的上层表面用粉色蛋白糖霜涂一层（a），未干透之时，用无挤花嘴的白色挤花袋在中间部分挤出“CANDY”字样（b）。
2 表面完全干透之后，用装入白色蛋白糖霜的挤花袋（无挤花嘴）画出糖块外围线和包装纸的褶皱纹路（c）。

* 要点
将涂层用的蛋白糖霜和写字用的蛋白糖霜调成一样的黏稠度，就不会出现晕染的现象。用白色大圆点代替文字装饰也非常可爱。

a
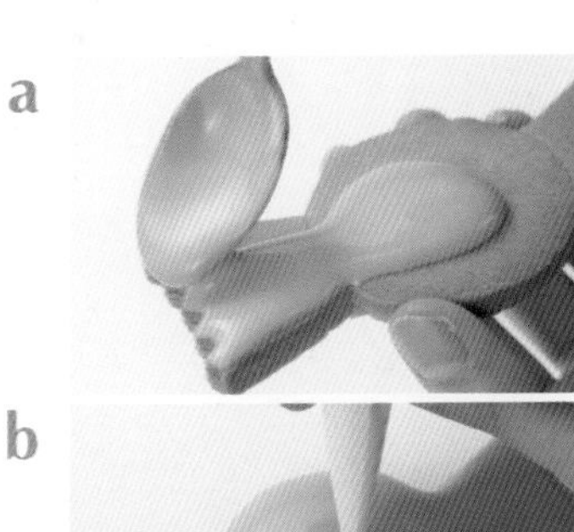

b
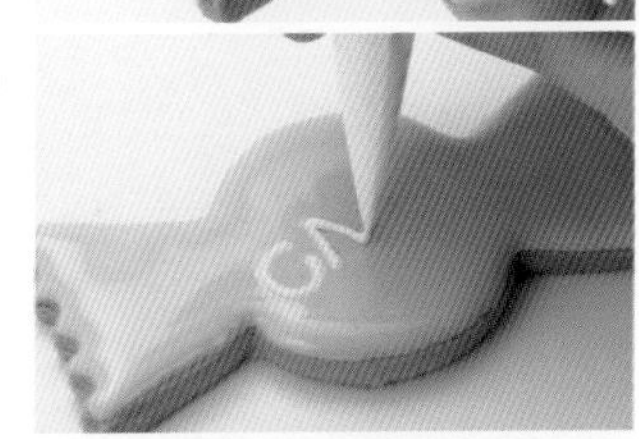

c
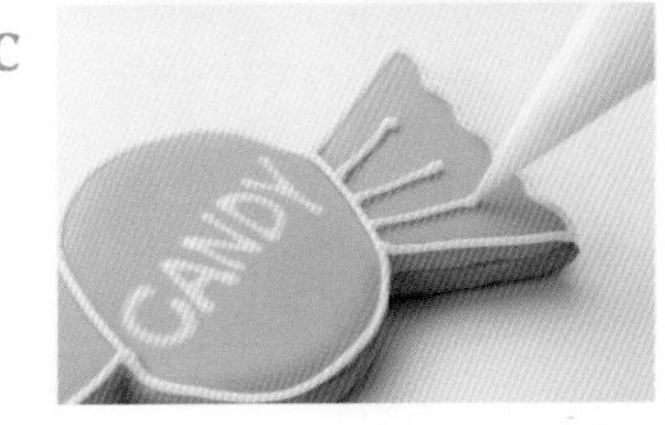

a

b

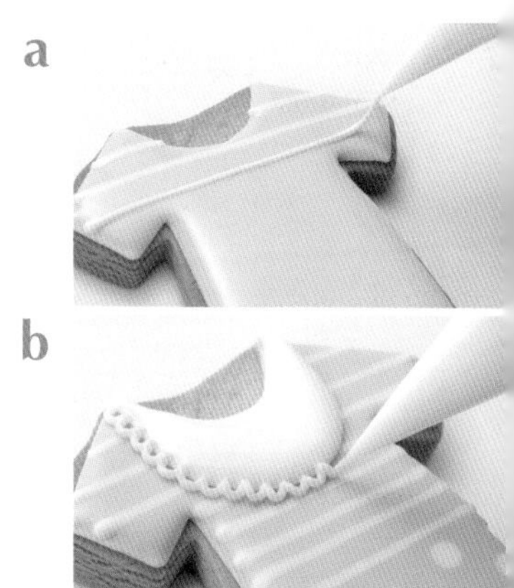

c

送给婴儿的礼物

*** 材料（2套约6个）**

基本饼干→ **P70**

（切割成婴儿服、婴儿床、奶瓶形状后，烘烤出来的饼干）

蛋白糖霜→ **P20**

- 外围线，装饰（黏稠）白色
- 涂层（柔软）：白色、蓝色
- 婴儿服点缀、圆领（柔软）：白色
- 文字：深蓝色

*** 工具**

饼干形（婴儿服形、婴儿床形、奶瓶形）

挤花袋…3个

挤花嘴（口径5mm 8角星形）

*** 装饰**

1 用装入白色奶油的挤花袋（无挤花嘴）挤出3种饼干形状的外围线。干到一定程度之后，用白色蛋白糖霜填充内部。未干透之时，用装入白色蛋白糖霜的挤花袋（无挤花嘴）在婴儿服上画横线和圆点（a）。

2 表面完全干透之后，在婴儿服上画圆领的外围线，圆领内部用白色糖霜填满，使其干透。

3 描绘各种外围线、衣服纹路、文字（b）。用装入白色蛋白糖霜的挤花袋（挤花嘴：8角星形）在婴儿床上挤出一条贝壳状花饰（c）。→ **P25**

小房子&钥匙

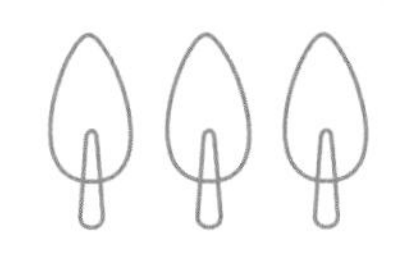

* 材料（10 套约 20 个）
基本饼干（2 倍）→ **P70**
（普通面团、可可面团 / 烘烤之前的面团）

* 工具
饼干形（房子形、钥匙形）
文字章
吸管
细绳

* 装饰
1 将烤箱预热至 170℃，用擀面杖将面团擀成 4 ~ 5mm 厚的薄片，切割成房子和钥匙的形状（各种面团），在钥匙上用吸管穿一个小孔（a）。
2 从剩下的面团中，取一小正方形的面团，在正方形上画一个十字，放在房子面团上作窗户。在普通面团的房子上放一个可可面团的窗户，在可可面团的房子上放一个普通面团的窗户（b）。
3 用 170℃烘烤约 5 分钟后，将饼干拿出来在房子上印上文字（c），再放入烤箱中继续烤 12 ~ 15 分钟。完全凉透之后，用细绳穿钥匙（d）。

* 要点
轻微烤出来的面团上印上文字，则完全烤出来时文字印非常清楚。

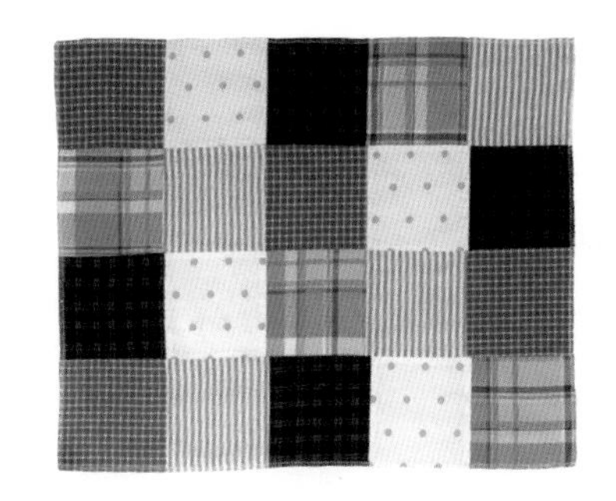

方块拼布

* 材料（2 套约 8 块）

基本的饼干→ **P70**

（切割成边长为 6cm 的正方形后，烘烤出来的饼干块）

蛋白糖霜（2 倍）→ **P20**

┌涂层（柔软）：白色、蓝色、绿色、黄绿色
└条纹（柔软）：白色、黄绿色、青绿色、青色、紫色

* 工具

挤花袋… 5 ~ 7 个

* 装饰

1 分别用白色、蓝色、绿色、黄绿色蛋白糖霜将饼干表面涂层。

2 未干透之时，分别用装入白色、黄绿色、青绿色、青色、紫色蛋白糖霜的挤花袋（无挤花嘴）挤出不同的条纹。圆点纹挤成大圆圈更好看（a）。格子纹用细线条描绘（b）。横条纹用粗线条描绘（c）。方格纹则从最粗的线条开始描，看着其他线条的比例，重点画其他 4 个线条（d）（e）。描绘过程中，可以剪切挤花袋的尖口调整线条的粗细。

* 要点

饼干上涂层之后，若不立即画条纹，则蛋白糖霜就会变硬。建议一块饼干描绘完成后再描绘另一个。

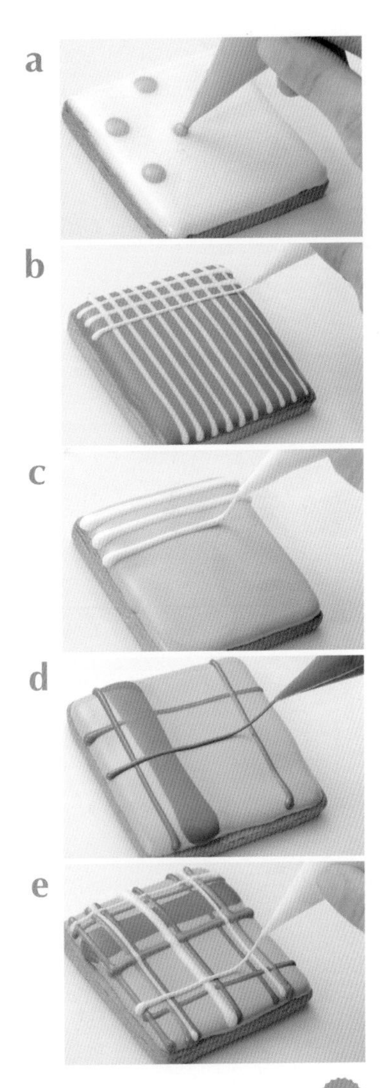

包装 4

打开包装后一个个取出来的小饼干盒

模仿布料条纹制作饼干，放入抽拉式的小盒子里，做成一个套系送给别人。
每次打开的时候，无法按捺激动的心情，“今日，吃什么条纹的饼干呢？”

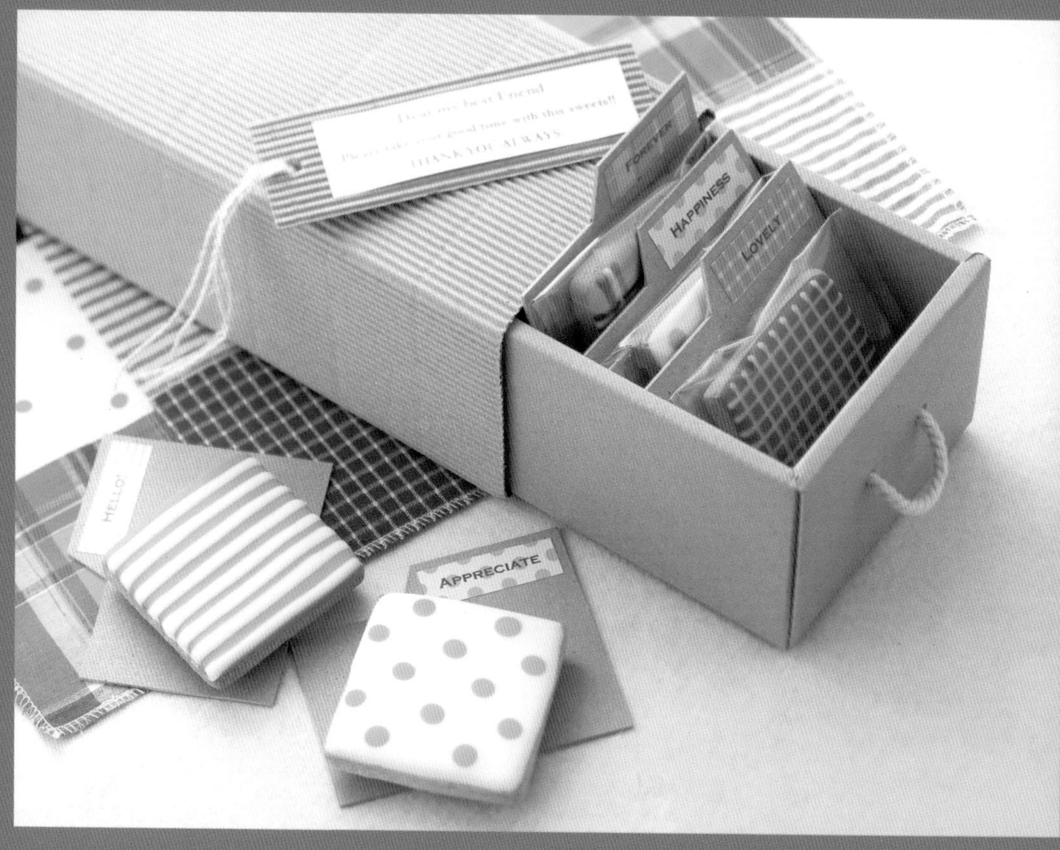

在特制小卡片上，写上“haPPiness luck”等词语表达心情。制作与饼干条纹相同的纸片贴在卡片上，则快乐的心情会更加浓厚。

用相同条纹的布料
将小盒子包装起来，
更加精致、好看。

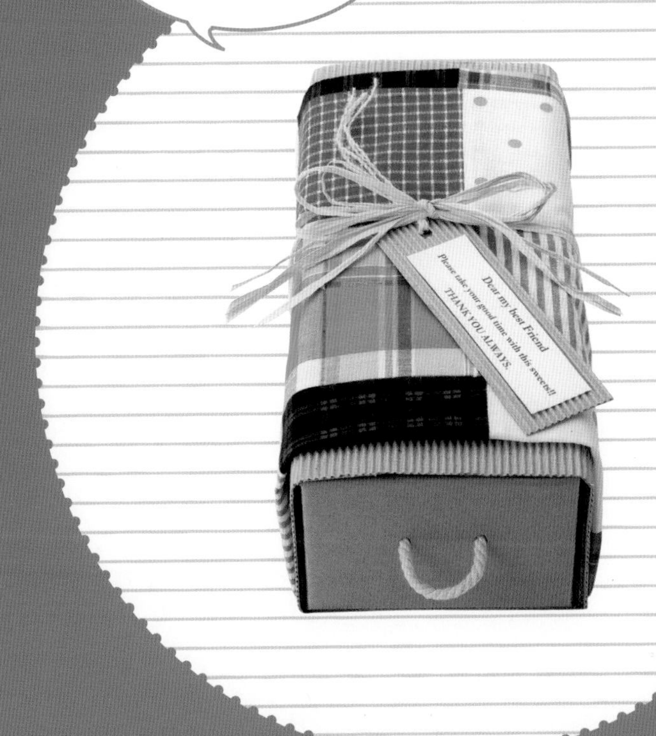

＊包装方法

1 将饼干放入一个个透明的小袋里密封起来。在每个饼干上贴上特制的小卡片，摆放在小盒子里。

2 用布料（如果有条件，使用与饼干相同条纹的布料）将小盒子包装起来，用竹条（植物叶经加工做成的天然材质的线条）包扎好。若贴上小标签就更好了。

圆形日式风格布料

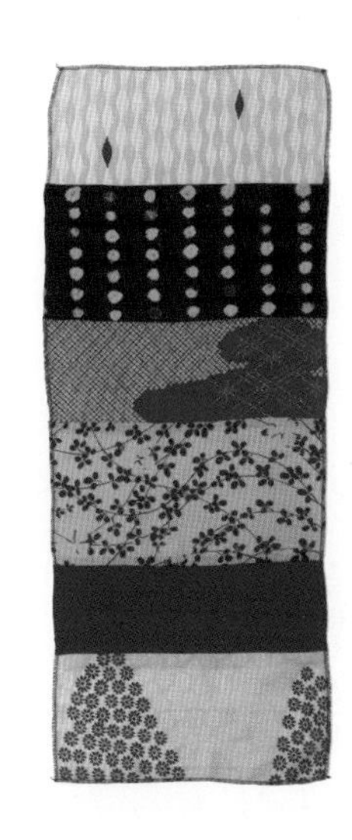

* 材料（2 套约 6 块）
基本饼干→ **P70**
（切割成直径为 7cm 的圆形之后，烤出来的饼干）
蛋白糖霜→ **P20**
·涂层（柔软）：白色、深红色、红色、抹茶色
·图纹（柔软）：白色、橙色、红色
金圆球（中）…适量
银圆球（小）…适量

* 工具
饼干形（直径 7cm 圆形）
挤花袋…3 个
牙签
镊子

* 装饰

1 **P92** 照片上方：用深红色蛋白糖霜将饼干表面涂层。未干之时，分别用装入白色和橙色的挤花袋（无挤花嘴）挤出两种圆点，用牙签将圆点调成其他形状（a），表面完全干透之后，用装入红色蛋白糖霜的挤花袋描绘 3 条纵向线条。

2 **P92** 照片中央：用白色蛋白糖霜将饼干表面涂层。未干之时，用装入红色蛋白糖霜的挤花袋（无挤花嘴）描绘花和线条（b），花蕊部分用金圆球点缀、装饰。

3 **P92** 照片下方：在饼干 1/4 位置处，用装入红色蛋白糖霜的挤花袋（无挤花嘴）描绘一条线。用镊子夹小银球排成一列（c）。干到一定程度后，线条以下部分用红色蛋白糖霜涂层（d）。

※如 **P92** 中的图片一样，将银球装饰在两种颜色的分界线上时，先描绘分界线上面的纹路后，在蛋白糖霜未干之时装饰银球。

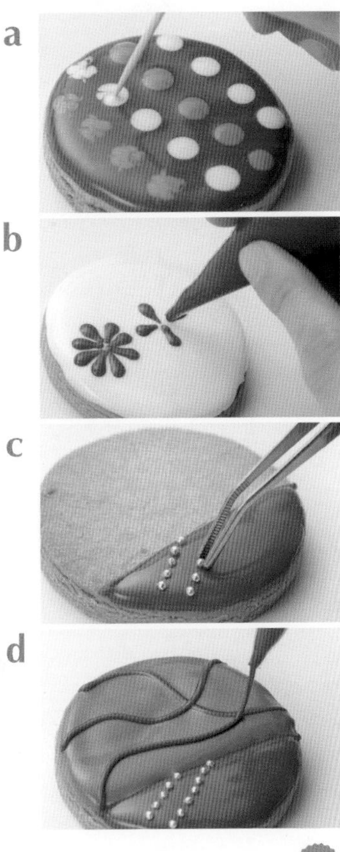

初夏的蝴蝶

* 材料（约 5 块）

基本饼干→ **P70**

（将面团切割成蝴蝶形状后烘烤出来的饼干）

蛋白糖霜→ **P20**

外围线、蝴蝶身体（黏稠）：黄色

涂层（柔软）：淡黄色、橙色

蝶身纹：黄绿色

* 工具

饼干形（蝴蝶形）

挤花袋 …2 个

* 装饰

1 用装入黄色蛋白糖霜的挤花袋（无挤花嘴）在蝴蝶形饼干上画上外围线。将蝴蝶的上半部分用淡黄色蛋白糖霜涂上，未干透之时，用装入黄绿色蛋白糖霜的挤花袋（无挤花嘴）描绘蝴蝶纹路（a）。下半部分用橙色蛋白糖霜涂层，画相同的纹路。

2 表面完全干透之后，再画一下外围线。画出蝴蝶下半身的圆点和身体（b）。

* 变化款

蝴蝶的上下羽毛颜色可以调换。

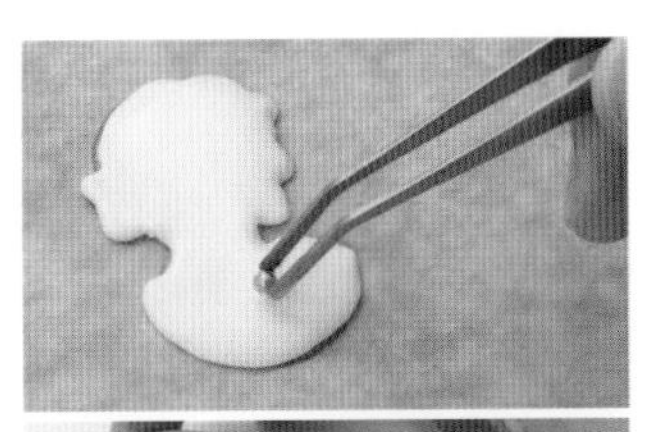

a

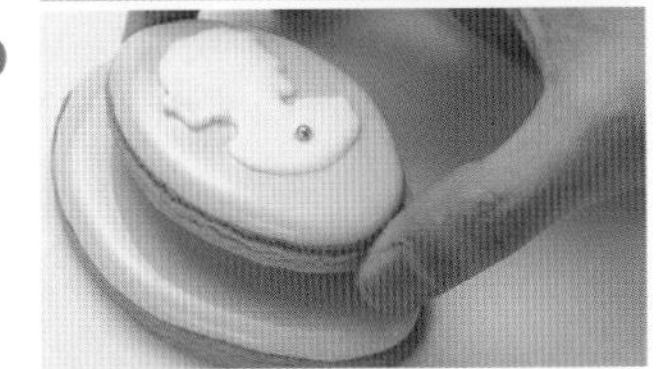

b

c

d

浮雕胸针

＊材料（约 3 块）

※女性纸形→ **P65**

基本饼干→ **P70**

（将面团切割成纵 7cm 和 9cm 长的椭圆形后烘烤出来的饼干，相同块数）

蛋白糖霜→ **P20**

- 女性模型（黏稠、柔软）：白色
- 涂层（柔软）：米色
- 纹路、装饰：白色

金球（中号）…3 粒

＊工具

饼干形（纵 7cm 和 9cm 长的椭圆形）

挤花袋…2 个

挤花嘴（口径为 5mm 8 角星形）

＊装饰

1 用白色蛋白糖霜制作女性模型。在未干透之前，用镊子夹一个金球贴在胸口处（a）。→ **P64**

2 用米色蛋白糖霜涂抹饼干表面，未干之前将女性模型放上去。将大饼干表面涂一层米色蛋白糖霜，未干之前将小饼干放上去（b）。

3 表面完全干透之后，用装入白色蛋白糖霜的挤花袋（挤花嘴：8 角星形）装饰小饼干周围，如描绘圆点、曲线等（c）。然后在大饼干周围挤一圈贝壳状白色装饰花（d）。→ **P25**

＊变化款

即使不把两个大小不等的饼干叠加在一起，在单层饼干上贴上女性模型，挤上装饰花也同样非常漂亮。

不可思议的国家

* 材料（2套约6块）

※仆人、兔子、帽子形状的纸形→ **P65**

基本饼干→ **P70**

（将面团切割成6.5cm × 10cm的长方形后烘烤出来的饼干）

蛋白糖霜（2倍）→ **P20**

…仆人、兔子、帽子、方块牌、纹路、文字用（黏稠）：黑色

…仆人、兔子、帽子、方块牌（柔软）：黑色、白色

…外围线（黏稠）：蓝色

…装饰（黏稠）：淡蓝色

* 工具

挤花袋…3个

挤花嘴（口径为5mm 8角星形）

牙签

* 装饰

1 用黑色和白色的奶油画仆人、兔子、帽子等部件。细微之处，用牙签勾画为好（a）。→ **P64**

2 用装入淡蓝色蛋白糖霜的挤花袋（无花嘴）在饼干周围（稍内侧的部位）画一圈外围线。稍干了之后，用淡蓝色蛋白糖霜将内部涂层。未干透之时，将各个形状的蛋白糖霜部件放在上面（b）。

3 表面完全干透之后，在画上添几笔，使仆人、兔子、帽子的形状更加生动（c）。如在帽子周围画几个数字等。

4 用装入蓝色蛋白糖霜的挤花袋（花嘴：8角星形），在饼干周围画一圈贝壳状蓝色装饰花（d）。→ **P25**

* 要点

如果每块饼干的涂层颜色不同，如逐渐变深或变浅，那么将一套饼干放在一起的时候非常好看。在涂一层淡蓝色之后，再涂上蓝色或黄色就可以做到涂层颜色逐渐加深的效果。

a

b

c

d

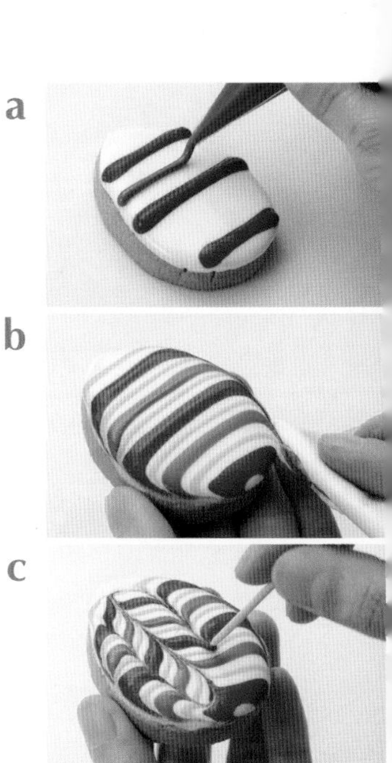

复活节鸡蛋

＊材料（约 9 块）

基本饼干→ **P70**

（将面团切割成纵 6cm 的鸡蛋模形状后烘烤出来的饼干）

蛋白糖霜（2 倍）→ **P20**

涂层（柔软）：白色

纹路（柔软）：红色、蓝色、黄色

＊工具

饼干形（纵 6cm 的鸡蛋形）

挤花袋…3 个

牙签

＊装饰

1 用白色蛋白糖霜将饼干表面涂层。

2 未干透之前，用装入红色、蓝色、黄色蛋白糖霜的挤花袋（无挤花嘴）在表面上画纹路。圆点用蓝色蛋白糖霜挤出大圆点形状；横条纹路用红、黄、蓝色线条描绘，其中红、蓝色稍宽一些，黄色稍窄一些（a）。最后使用厨房用纸在条纹表面上吸一下水分，则条纹就会显出立体感（b）。羽毛纹路，则在横条纹路画好之后，未干透之时用牙签在饼干表面逆着条纹的方向画线即可做到（c）。

→ **P27**

＊变化款

做一个大鸡蛋，也很可爱。

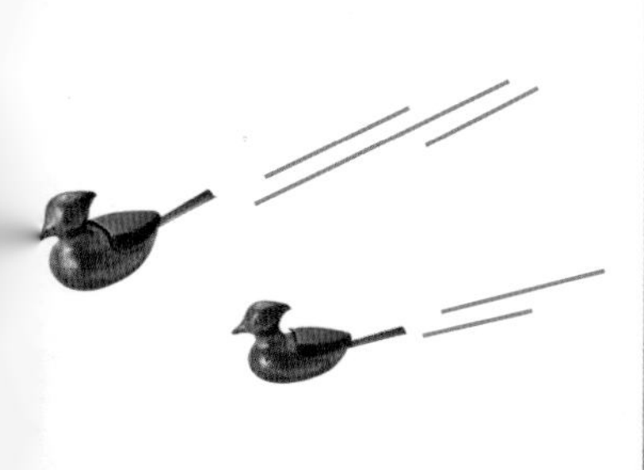

a
b

3 棵树

* 材料（5 套约 15 块）

基本饼干（2 倍）→ **P70**
（普通面团、可可面团 / 烘烤之前的面团）
黑芝麻…适量
白芝麻…适量
麦茶…适量

* 工具

饼干形 （菜花形）→与 **P78** 相同

* 装饰

1 将烤箱预热至 170℃备用。将普通面团分割成 3 等份，擀成 3 ~ 4mm 的薄片。分别撒上黑芝麻、白芝麻、麦茶，用擀面棒用力擀使这些材料渗入面团中（a）。
2 从 1 面团中切割下菜花形状的面团。
3 将可可面团切割成带茎的菜花形状，将 2 的菜花叠放在可可饼干上面（b）。在树干上用塑料刀刮 3 个横条。
4 在 170℃烤箱中烘烤约 10 分钟后，将饼干翻过来再烘烤 7 ~ 10 分钟。

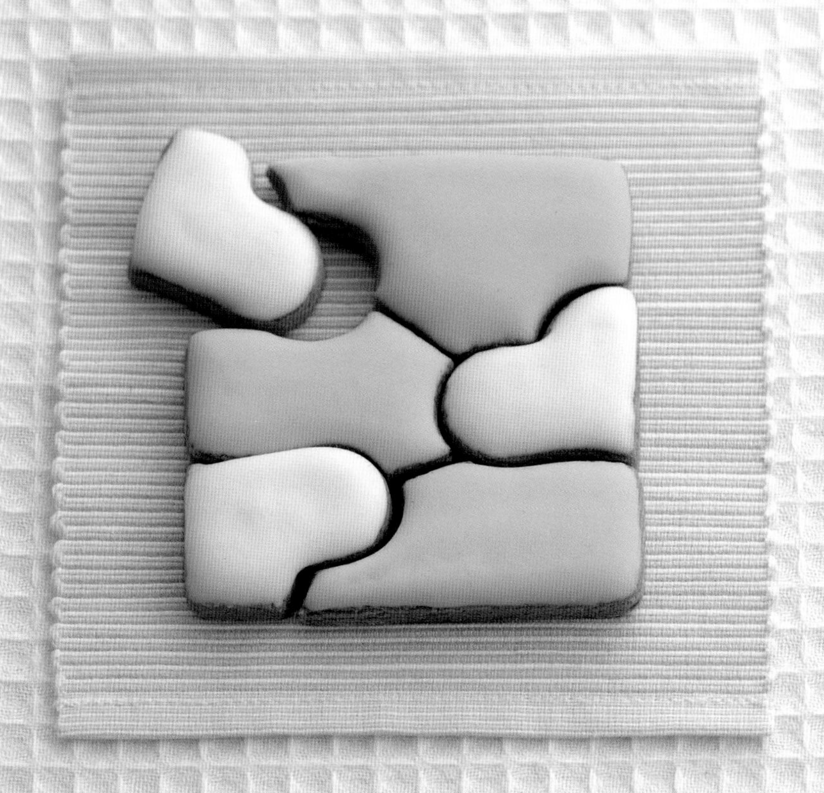

Small sky 吃掉天空

* 材料（约 5 套）

基本饼干→ **P70**

（基本面团 / 烘烤前的面团）

蛋白糖霜→ **P20**

涂层（柔软）：白色、蓝色

* 工具

饼干形（松树形）

糕点切割刀

* 装饰

1 将烤箱预热至 170℃备用。将普通面团分割成边长为 6cm 的正方形，将云彩的部分用松树形刻模切割 3 块（a），云彩和云彩之间的面团，用糕点切割刀切割成两部分（b），这样就形成了 6 块拼图。

2 将分割下来的饼干块分开摆放在烤箱中，在 170℃温度下烘烤 10 分钟。将饼干翻过来，继续烘烤 7 ~ 10 分钟。

3 完全放凉之后，天空部分用蓝色蛋白糖霜涂层，云彩部分用白色蛋白糖霜涂层（c）。

* 要点

在涂层之前，确认烤出来的饼干是否能拼成完好的拼图。如果因烘烤过程中的膨胀原因，无法拼凑在一起时，用糕点切割刀切割一部分使拼图紧凑。

a

b

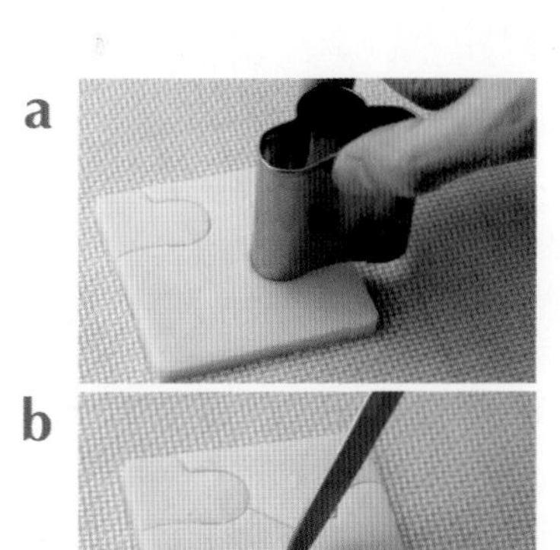

c

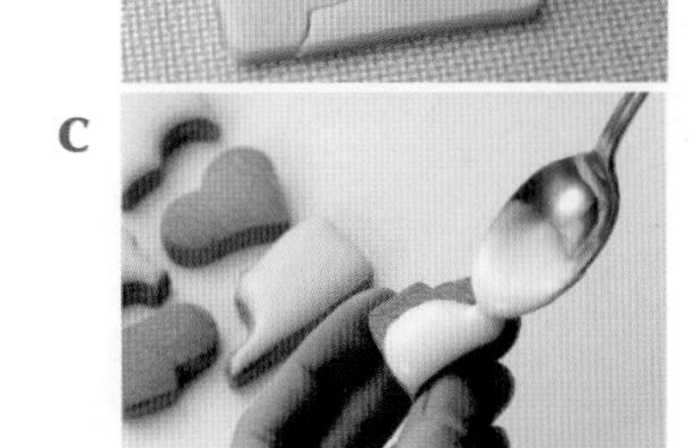

包装 5

附带赠品的礼物

将饼干和杯子蛋糕放入朴素的小塑料袋中，再赠送一块别致的饼干或蛋糕。如 P104 一样，谁看了都能会心一笑的可爱包装。

如同从天空中取下来的拼图饼干，是大人小孩都喜欢的类型。心存着“祝您有愉快的心情”的愿望赠送给别人，也是一件美好的事情。

* 包装方法

1 如果希望做好的拼图饼干不散开，则用蛋白糖霜将每块饼干粘在硬纸上，再放入透明袋中密封。

2 用布条或丝带将袋口系上，旁边再系一个赠送的小饼干一块。

※即使不是拼图这一类容易散的饼干，也可以粘在硬纸上，这样拿着走动的时候形状不容易被破坏。

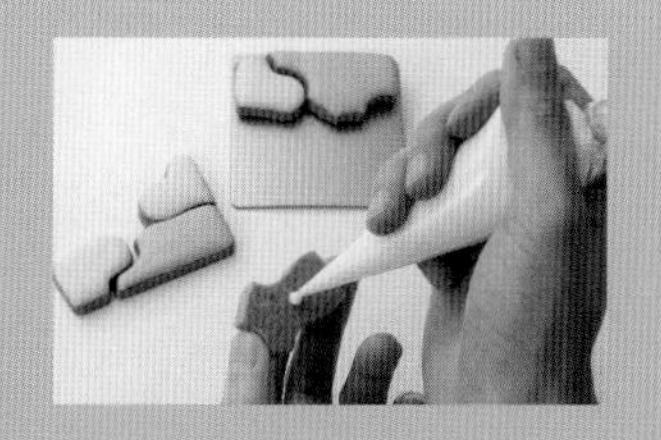

制作小饼干！

在主饼干或蛋糕基础上再赠送一个，或是作为小礼物赠送给他人都非常好。如何制作适合于各种场合的小饼干，下面介绍具体制作方法。

小饼干的制作方法

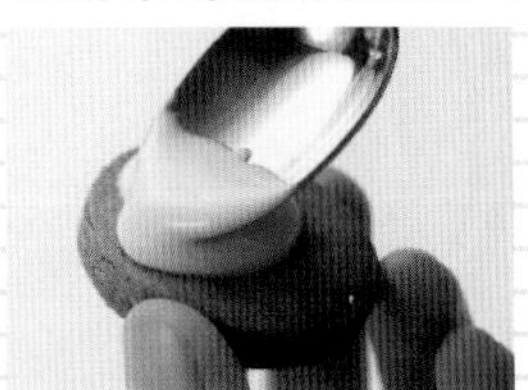

1 用蛋白糖霜将饼干表面涂层。

2 用蛋白糖霜在涂层表面描绘出喜欢的纹路。

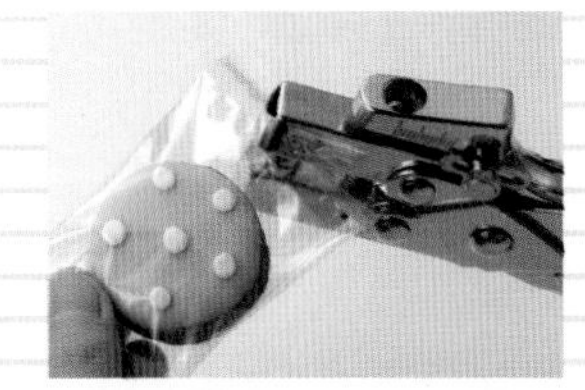

3 装入透明袋中密封，用打孔器在透明袋上打孔，系上丝带封口。

＊在包装上使用的方便工具

在透明袋上系线或系丝带的时候，打孔很容易使袋撕裂，建议使用打孔器在透明袋上打孔。

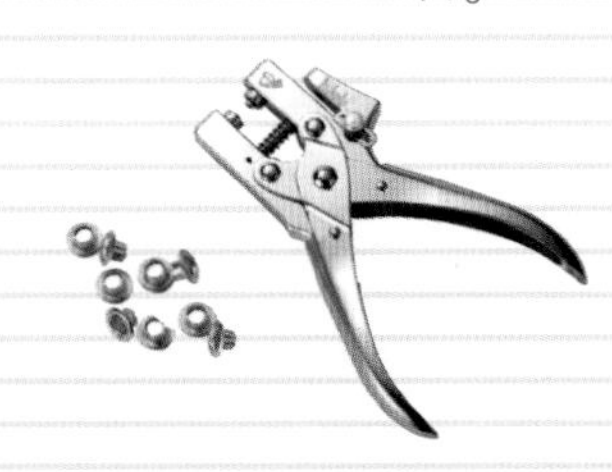

P6～P19的系列

P6~7

蜡笔鲜花

* 材料（2 个）
基本英式马芬→ **P34**…2 个
奶油蛋白霜→ **P21**
┌底盘、叶子：黄绿色
└花：白色、粉色、蓝色
银珠（大、小）：适量

a

* 工具
挤花袋…5 个
挤花嘴（口径 14mm 圆形，口径 13mm 平口形，口径 9mm 树叶形）
※如果没有平口形挤花嘴，可以用玫瑰形代替。

b

c

d

* 装饰
1 在杯子蛋糕上用装入黄绿色蛋白糖霜的挤花袋（挤花嘴：圆形）挤出螺旋状（a）。
2 用分别装入白色、粉色、蓝色蛋白糖霜的挤花袋在蛋糕上挤出 3 种颜色的花（b）。将英式马芬放在手上，边旋转蛋糕边挤出花更加容易。→ **P26**
3 用装入黄绿色蛋白糖霜的挤花袋（挤花嘴：树叶形）挤出树叶形（c）。→ **P26**
4 在花蕊部分撒上银珠（小）（d），在最中央花上装饰（大）银珠。

* 要点
从最中央的花开始挤出，则挤出来的花形更加匀称。

P8~9

巧克力薄荷·条纹

＊材料（3个）

基本杯子蛋糕→ **P32**

（饼干面团中加入黑可可粉、巧克力屑、薄荷叶屑之后，烘烤出来的杯子蛋糕）…3个

蛋白糖霜→ **P20**

…涂层（柔软）：淡蓝色

…线条：蓝色、黄绿色、茶色

＊工具

挤花袋…3个

牙签

＊装饰

1 将杯子蛋糕表面切割成平面状，用淡蓝色蛋白糖霜涂层（a）。横断面容易吸收蛋白糖霜和水分，所以涂层要厚一些。

2 未干之时，用装入蓝色、黄绿色、茶色蛋白糖霜的挤花袋（无挤花嘴）挤出横条（b）。做羽毛箭纹路时，在横条基础上用牙签逆着横条的方向画线即可（c）。→ **P27**

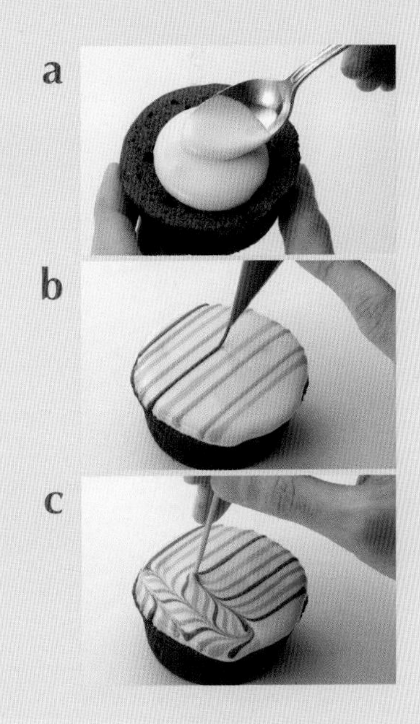

＊变化款

也可以用薄荷精华液代替薄荷叶，放入面团中使用。

P10~11

珠宝巧克力

＊材料（4个）
基本杯子蛋糕→ **P32**
（普通面团中加入可可粉混合后，烘烤出来的蛋糕）
…4个
蛋白糖霜→ **P20**
└涂层（柔软）：白色
糕点用巧克力：40g
金球（中号）…适量
银球（大号）…适量
蜡烛…4根

＊工具
巧克力（钻石形）
牙签
镊子

＊装饰
1 用平底锅将巧克力熔化，放入造型盒中，再放入冰箱中冷冻造型（a）。
2 用白色蛋白糖霜涂一层杯子蛋糕，再用牙签调整周边（b）。
3 未干之前将蜡烛、金球、银球、钻石形巧克力装饰在蛋糕上（c）。

＊要点
钻石形巧克力、带数字的蜡烛等可在西点材料店购买。

a

b

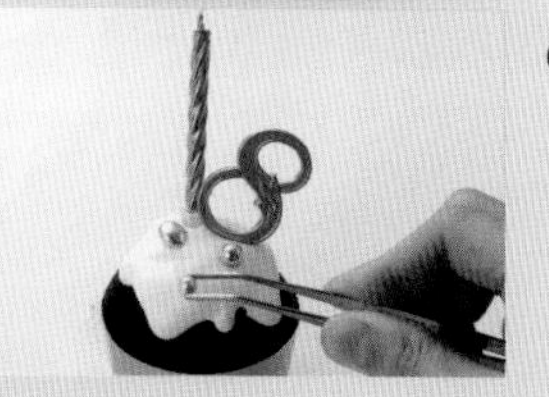
c

P12~13

奶油丝带

＊材料（4个）
基本杯子蛋糕→ **P32**…4个
奶油蛋白霜→ **P21**
涂层：粉色
丝带：蓝色

＊工具
挤花袋…1个
挤花嘴（口径11mm平口波浪形）
调色刀

＊装饰
1 用装入粉色奶油蛋白霜的挤花袋将蛋糕表面涂一层。用调色刀将其凹凸之处弄平（a）。
2 用装入蓝色奶油蛋白霜的挤花袋在蛋糕表面画十字（b），顺着十字方向在上面画丝带（c）（d）。注意挤花嘴的方向，挤出波浪形模样。

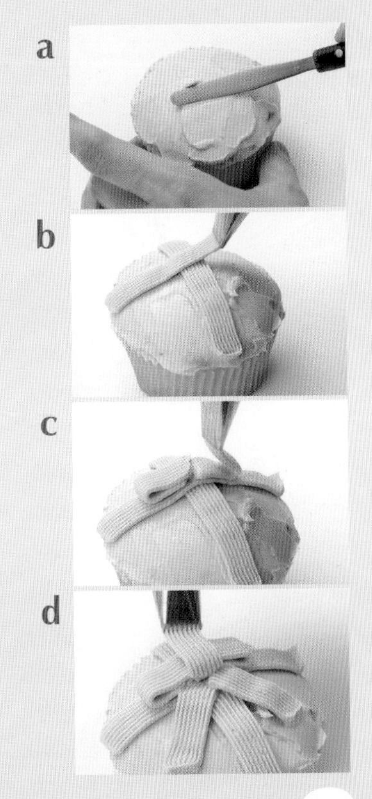

＊变化款
可以尝试使用各种颜色。即使不在蛋糕上涂层，光挤出一个漂亮的丝带，也很朴素大方。

P14~15

小小棉花树

* 材料（2 个）
基本英式马芬→ **P34**…2 个
奶油蛋白霜→ **P21**
└树：绿色
白糖块（小）…适量
金球（中号）…适量
装饰模型（根据喜好）…2 个

* 工具
挤花袋…1 个
挤花嘴（口径 12mm 14 角星形）
镊子

* 装饰

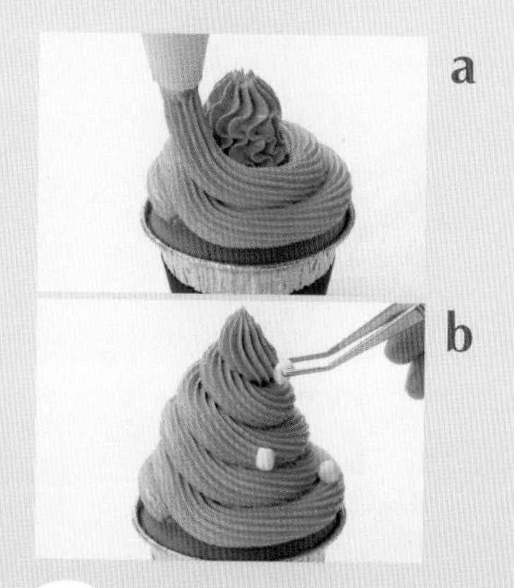

1 用装入绿色奶油蛋白霜的挤花袋（挤花嘴：14 角星形），在英式马芬上挤出像冰激凌一样的螺旋状。首先，在蛋糕中央挤一个支柱，然后再从外向里地挤出螺旋状，这样可以制作一定高度的螺旋状（a）。
2 将事先准备好的白糖块和金球随意装饰在马芬上即可（b）。

* 要点
本书中使用了热饮中常使用的白糖块，可以将普通的糖块切成小块使用。

P16~17

玫瑰圆点

* 材料（3个）
基本杯子蛋糕→ **P32**…3个
蛋白糖霜→ **P20**
-涂层（柔软）：白色
-纹路（柔软）：深粉色
粉色翻糖膏→ **P66**
-玫瑰花部件：深粉色

* 工具
挤花袋… 1个

* 装饰
1 用深粉色翻糖膏制作玫瑰花备用（a）。→ **P67**
2 用白色蛋白糖霜将蛋糕表现涂层（b）。未干之前，用装入深粉色蛋白糖霜的挤花袋（无挤花嘴）在白色涂层表面上画几个大圆点（c）。
3 未干之前将玫瑰花装饰在上面。

* 要点
玫瑰花装饰稍微硬一些，品尝时要格外注意。涂层用的蛋白糖霜可以换成其他颜色，如绿色、蓝色等。

P18~19

仙境里的房子

＊材料（4个）
基本英式马芬→ **P34**
（基本面糊中加入桂皮后，装入直径为5cm的杯子中烘烤出来的蛋糕）…4个
卡士达酱→ **P22**
苹果…1个（一个蛋糕大约使用1/4个苹果）
白砂糖…3大匙
柠檬汁…适量
蜡烛…4个

＊工具
挤花袋…1个
标签纸

a

b

c

＊装饰
1 将苹果切成两瓣之后，在带皮状态下切成薄片。将苹果放入锅中，再放入白糖、柠檬汁、少量水煮一下。
2 用装入卡士达酱的挤花袋（无挤花嘴）在英式马芬表面正中央挤一块奶油（a），然后将切成薄片的苹果一片一片地叠放在其周围，做成房顶的形状（b）。
3 将蜡烛装饰在房顶上，再将窗户标签贴在杯子上（c）。或者在杯子上画一个窗户。

＊要点
若直接使用苹果薄片，尺寸太大，将核去掉1/3后使用大小正合适。

P6~7

康乃馨花束

＊材料（约 5 块）

基本饼干→ **P70**

（将面团切割成 Party 帽子形状后烘烤出来的饼干）

蛋白糖霜（2 倍）→ **P20**

…外围线（黏稠）：白色

…涂层（柔软）：白色

…包装纸纹路（柔软）：黄色或粉色

…花（黏稠）：黄色、粉色

…叶子（黏稠）：黄绿色

…丝带（黏稠）：深粉色

＊工具

饼干形（将 Party 帽倒过来使用）

※用底边 8cm、高 10cm 的等腰三角形饼干代替也可。

挤花袋…6 个

挤花嘴（口径为 13mm 玫瑰形，口径为 9mm 树叶形）

＊装饰

1 用装入白色蛋白糖霜的挤花袋（无挤花嘴）在饼干上画包装纸形状的外围线，干到一定程度后，用白色蛋白糖霜将内部涂层。未干之前，用装入黄色蛋白糖霜的挤花袋在白色涂层上画大圆点（a）。

2 表面完全干透之后，用装入黄色和粉色蛋白糖霜的挤花袋（挤花嘴：玫瑰形）画两种颜色的康乃馨（b）。用装入黄绿色蛋白糖霜的挤花袋（花嘴：树叶形）挤出叶子形状（c）。→ **P26**

3 用装入深粉色蛋白糖霜的挤花袋（无挤花嘴）画出丝带形（d）。

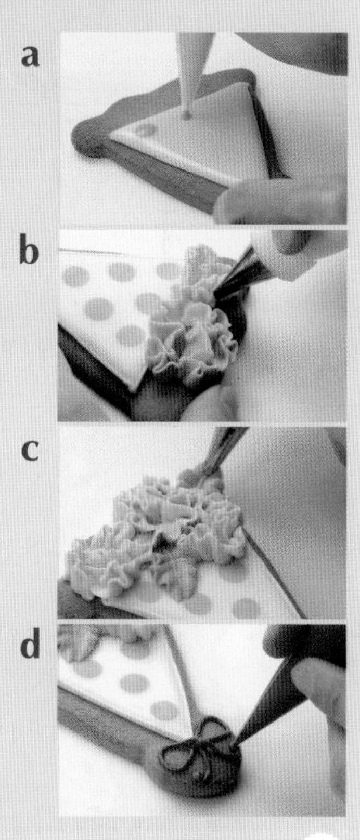

P8~9

下午茶时间的生活杂货

*** 材料（3 套约 9 块）**

※茶壶、茶杯、咖啡壶纸形→ **P126、P127**

基本饼干→ **P70**

（基本面团中混入可可粉后，面团切割成茶壶、茶杯、咖啡壶形后烘烤出来的饼干）

蛋白糖霜（2 倍）→ **P20**

- 涂层（柔软）：白色、绿色
- 纹路（柔软）：白色、绿色、蓝色
- 外围线（柔软）：茶色

*** 工具**

挤花袋…4 个

*** 装饰**

1 用白色和绿色蛋白糖霜将饼干表面涂层。未干之前，用装入白色、绿色和蓝色蛋白糖霜的挤花袋（无挤花嘴）挤出各种图形（a）（b）。→ **P25**

2 表面完全干透之后，用装入茶色蛋白糖霜的挤花袋（无挤花嘴）在饼干上画外围线。

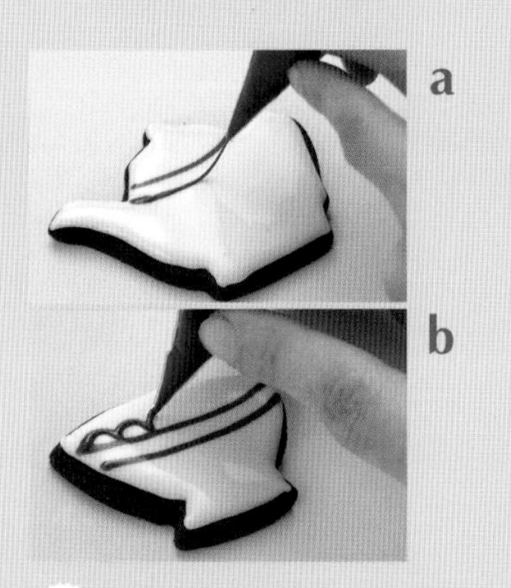

a

b

*** 变化款**

也可以尝试做黄色茶壶、黄色外围线的咖啡壶等。→ **P8~9**

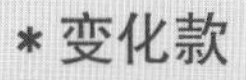

P10~11

蕾丝花边内衣

*** 材料（3 套约 6 块）**

※内衣纸形→ **P127**

基本饼干→ **P70**

（基本面团中混入可可粉后切成上、下内衣形状后烘烤出来的饼干）

蛋白糖霜（2 倍）→ **P20**

- 涂层（柔软）：粉色
- 纹路（黏稠）：黑色

金球（中）…6 粒

*** 工具**

挤花袋…1 个

镊子

*** 装饰**

1 用粉色蛋白糖霜将饼干表面涂层。

2 表面完全干透之后，用黑色蛋白糖霜的挤花袋（无挤花嘴）描绘蕾丝形（a）。→ **P25**

3 用镊子将金珠装饰在内衣上（b）。

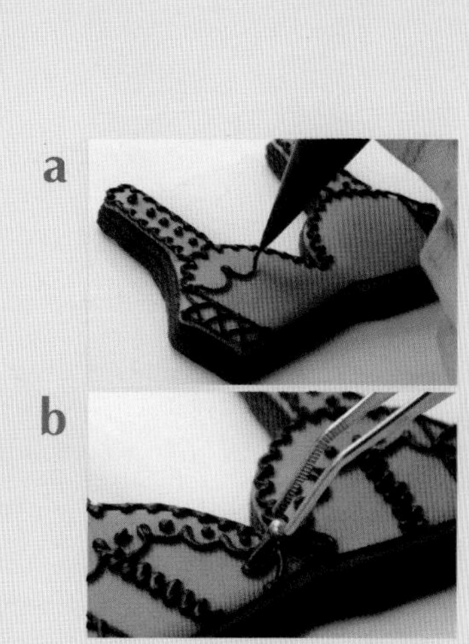

*** 变化款**

将粉色奶油和黑色奶油调换过来描绘也非常好看。→ **P10~11**

P12~13

留言信息装饰

＊材料（5 块）

基本饼干→ **70**

（将面团切割成 10cm×6.5cm 的长方形后烘烤出来的饼干）

蛋白糖霜（2 倍）→ **20**

- 外围线、装饰（黏稠）：黄色
- 涂层（柔软）：淡黄色
- 文字（柔软）：蓝色

＊工具

挤花袋…3 个

挤花嘴（口径为 3mm 圆形）

透明袋（包装用）…5 张

孔眼→ **P104**

丝带 30cm×6 条

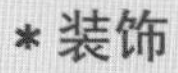

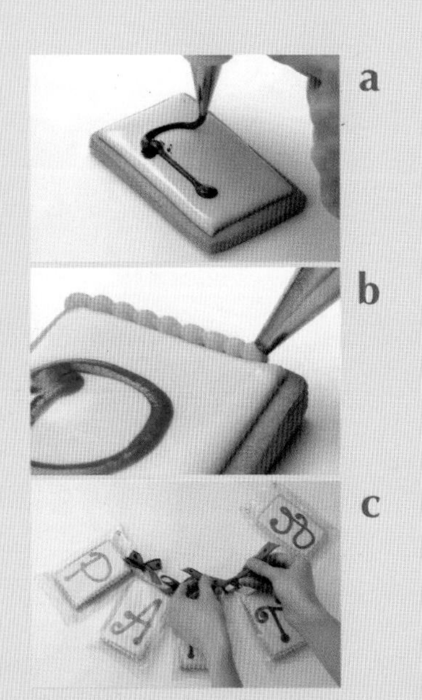

＊装饰

1 用装入黄色蛋白糖霜的挤花袋（无挤花嘴）在饼干上画外围线（稍稍往内侧一些）。干到一定程度后，用淡黄色蛋白糖霜将内部涂层。未干之前，用装入蓝色蛋白糖霜的挤花袋在饼干上写大“→ P”字（a）。用同样的方法画“A”“R”“T”“Y”等字。

2 在字母饼干周围，用装入黄色蛋白糖霜的挤花袋（挤花嘴：圆形）挤一圈贝壳状装饰花（b）。→ **P25**

3 完全干透之后，一个个放入透明袋中密封。在袋的上两端打孔，用丝带连接起来（c）。

P14~15

重重叠叠的结晶塔

＊材料（一个塔形）
基本饼干（2 倍）→ **P78**
将面团切割成雪花状后烘烤出来的饼干）
…普通面团：大 3 块、中 3 块、小 1 块
…可可面团：大 3 块、中 3 块、小 1 块
蛋白糖霜→ **P20**
…装饰、黏结（黏稠）：白色
翻糖膏：→ **P66**
…结晶部件：白色

＊工具
饼干形（大、中、小、特小雪花形状）
※特小雪花用于装饰。
挤花袋…2 个
挤花嘴（口径为 5mm 8 角星形）
调色刀

＊装饰
1 用白色翻糖膏制作白色雪花片。用调色刀在雪花上制作雪花纹路（a）。→ **P67**
2 用装入白色蛋白糖霜的挤花袋（挤花嘴：8 角星形）在各饼干的 5 个角上挤出连续的小装饰花。从中间开始向外地挤出蛋白糖霜（b）。留出最中央的部分。
3 在饼干背面涂一点蛋白糖霜，将可可饼干和普通饼干相错地叠放在一起（c）（d），将饼干的形状稍稍错开摆放则更加好看。
4 最上端用雪花部件装饰。

＊要点
在 Party 等场合立即食用饼干时，就不必用蛋白糖霜将叠放的饼干粘贴在一起，只需好好叠放即可。

P14~15

圣诞节装饰

＊材料（约 5 块）

基本饼干→ **P70**

（将面团切割成装饰品模样后，用牙签钻一个孔，烘烤出来的饼干）

蛋白糖霜→ **P20**

- 外围线（黏稠）：绿色
- 涂层（柔软）：绿色
- 纹路用线、圆点（黏稠）：红色
- 纹路（柔软）：红色

白砂糖…适量

金珠（小）…适量

a b c d

＊工具

饼干形（装饰品形）

挤花袋…2 个

镊子

毛刷

挂绳 20cm × 5 条

＊装饰

1 用装入绿色蛋白糖霜的挤花袋（无挤花嘴）在饼干上画外围线。干到一定程度后，用绿色蛋白糖霜将里面涂层。

2 表面完全干透之后，用装入红色蛋白糖霜的挤花袋（无挤花嘴）描绘装饰线条（a）。干到一定程度后，用装入红色蛋白糖霜的挤花袋将内部两个部位涂层。未干之前，撒白砂糖（b），用镊子点缀金珠（c）。

3 完全干透之后，用毛刷将多余的白砂糖刷掉，挤一圈红色圆点（d），用挂绳穿孔眼打结。

P16~17

纪念日 蕾丝

＊材料（约 5 个）

基本饼干→ **P70**

（切割成直径为 6.6cm 的菊花形后，烘烤出来的饼干）

蛋白糖霜→ **P20**

…涂层（柔软）：绿色

…外围线、纹路（黏稠）：白色

翻糖膏→ **P66**

…名字首字母部件：白色

＊工具

饼干形（直径为 6.6cm 的菊花形〈8 号大小〉，直径为 4cm 左右的波浪圆形）

※波浪圆形用于装饰

挤花袋…1 个

字母图章

＊装饰

1 用白色翻糖膏制作名字首个字母的装饰部件（a）。→ **P67**

2 用绿色蛋白糖霜将饼干表面涂层（b）。未干之前，将字母装饰部件放上去。

3 表面完全干透之后，用装入白色蛋白糖霜的挤花袋（无挤花嘴）画外围线、蕾丝纹（c）。

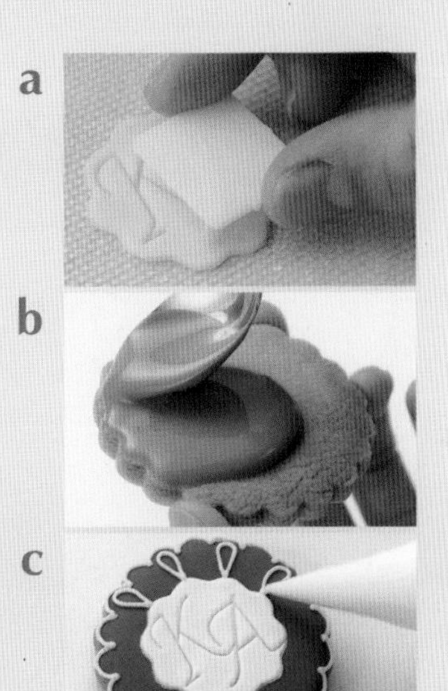

＊要点

将大字母稍倾斜地放在饼干上，则更加新潮。在特别的纪念日里，将对方名字的首个字母刻在上面送给对方，非常适合。

P18~19

亚当和夏娃遗失的物品

＊材料（约6块）

基本饼干→ **P70**

（切割成苹果形状后，烘烤出来的饼干）

蛋白糖霜 → **P20**

- 涂层（柔软）：黄绿色
- 树枝、叶子（黏稠）：茶色、绿色
- 文字（黏稠）：蓝色

＊工具

饼干（苹果形）

挤花袋…3个

挤花嘴（口径9mm的树叶形）

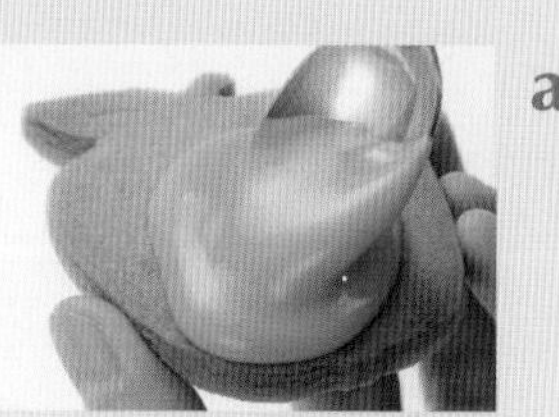

a

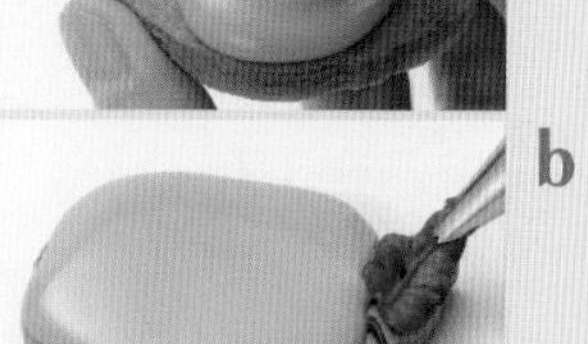

b

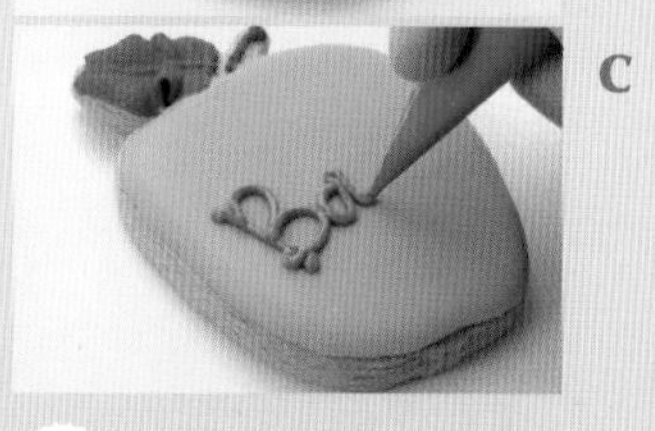

c

＊装饰

1 用黄绿色蛋白糖霜将饼干表面涂层（a）。用装入茶色蛋白糖霜的挤花袋（无挤花嘴）描绘树枝，用绿色挤花袋描绘树叶（b）。→ **P26**

2 表面完全干透之后，用蓝色挤花袋（无挤花嘴）描绘"Baby"几个字母（c）。

＊变化款

在苹果形饼干上，切割半圆形小口，做成刚被咬一口的形状也很可爱。

保存方法和品尝期限

下面介绍保存杯子蛋糕味道的包装方法和品尝期限。

杯子蛋糕的保存方法

将杯子蛋糕放入冰箱中保存的情况下，放入大一点的袋子中，旁边放一杯水可防止蛋糕干燥（如右图）。如果没有用蛋白糖霜将蛋糕表面涂层，则蛋糕表面容易干燥，所以用洋酒事先将蛋糕涂层则可保存其味道。

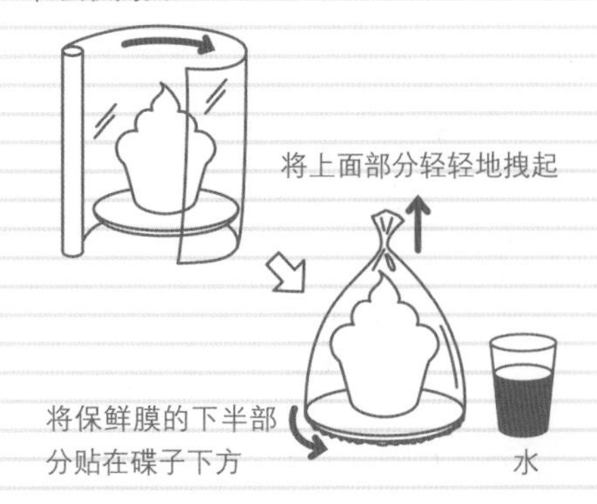

* 准备工作

将洋酒和糖汁（水也可以）按 1 ： 1 的比例混合之后，装饰之前途在蛋糕表面。

*** 适合的洋酒**

生奶油系列、水果系列……咖啡酒等
巧克力系列……朗姆酒等
柑橘系列……橘子酒等

品尝期限的标准

杯子蛋糕

* 使用蛋白糖霜、奶油蛋白霜的蛋糕

"常温下约 5 天，冰箱中保存约 1 周"

* 使用其他奶油的蛋糕

"冰箱中保存约 2 天"

饼干

* 烘烤前的面团

"冷藏约 1 周，冷冻约 1 个月"

* 烘烤后的饼干

"密封后常温下约 1 个月"

道具和材料

道具

下面介绍本书中使用的主要道具。

* 杯子蛋糕用烤模

本书中使用了直径为5cm的杯子蛋糕型烤模（用不粘材料制作的烤模）。通常情况下，铺一层烤纸就可以使用。

* 纸杯

制作杯子蛋糕时直接使用纸杯即可。制作英式马芬时纸杯放入烤盘中烘烤。

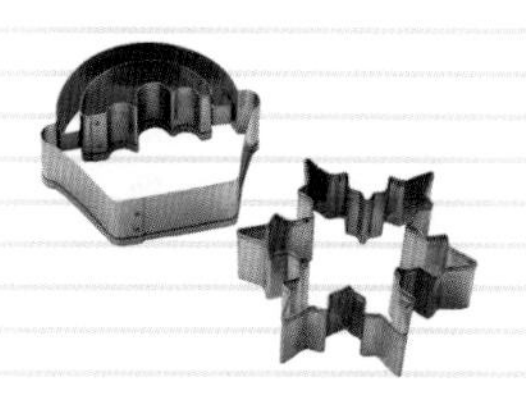

* 饼干刻模

在糕点材料店中可购买，价格不贵。

* 挤花袋

有反复使用的棉质品和一次性塑料制品。

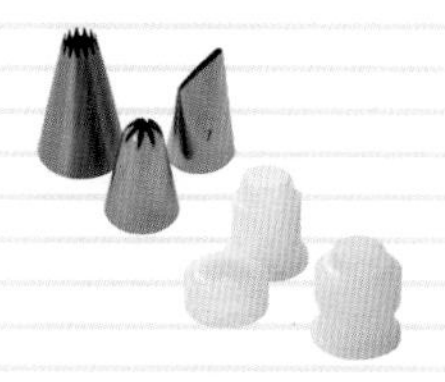

* 挤花嘴、联轴节

有各种类型的挤花嘴。使用联轴节的情况下，即使奶油已装入挤花袋中，也能更换挤花嘴。

* 烘焙用纸

烘烤饼干时使用。可反复使用，非常方便。

* 糕点切割刀

刃长的糕点切割刀。将面团沿着纸形切割，制作各种零部件时使用。

* 糕点用毛笔

在饼干上涂层时使用。

* 图章

在饼干、零部件上印字母时使用。如果是新的，也可使用文具用图章。

面粉和奶油等材料

下面介绍一下本书中使用的材料。

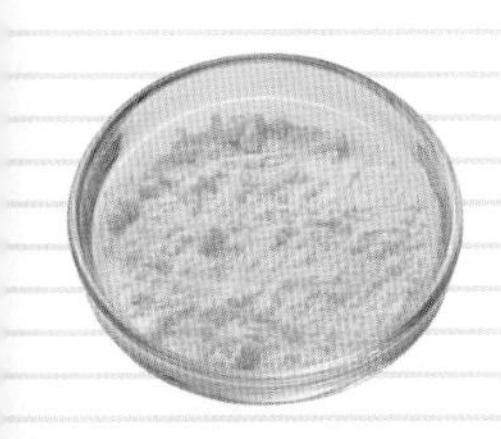

* 低筋面粉

制作杯子蛋糕、饼干时使用。

* 泡打粉

制作杯子蛋糕时使用，使面团蓬松。

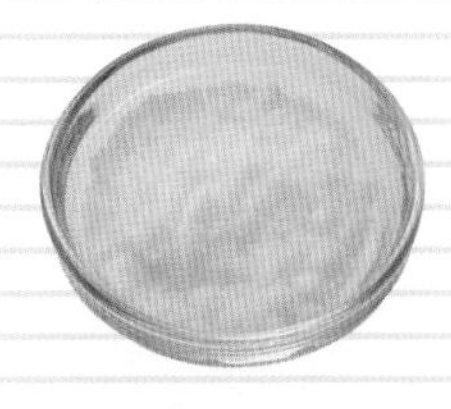

* 白砂糖

制作奶油蛋白霜、打发鲜奶油时使用。

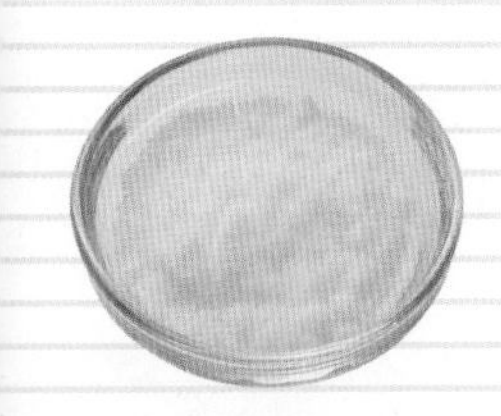

* 上白糖

在杯子蛋糕上使用。

* 糖粉

制作蛋白糖霜、饼干面团时使用。

* 黄油

用于不使用盐的蛋糕和饼干上。

* 鸡蛋

蛋黄约20g，蛋白约35g。

* 洋酒

朗姆酒、咖啡酒、樱桃酒等种类很多。增加香味时使用。

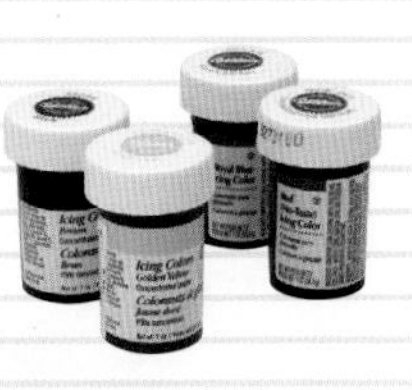

* 食用色素

本书中使用了WILTON公司的产品。变更蛋白糖霜、奶油蛋白霜的颜色时使用。→**P28**

装饰材料

下面介绍本书中使用的主要装饰材料。

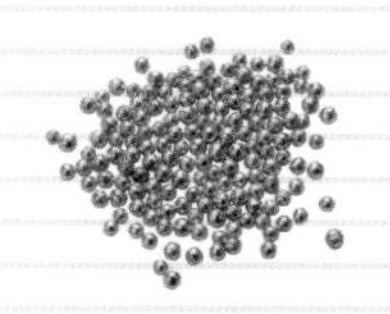

* 彩色球

粒状糖。有各种类型和颜色。

* 巧克力粒

除装饰糕点以外，还可放入面团中使用。

* 香草

添加香味时使用。

* 红醋栗

别名又叫酸塊、红塊，选择食用产品。

* 新鲜水果

草莓、杨桃、猕猴桃等。

* 水果干

菠萝、苹果等水果干。

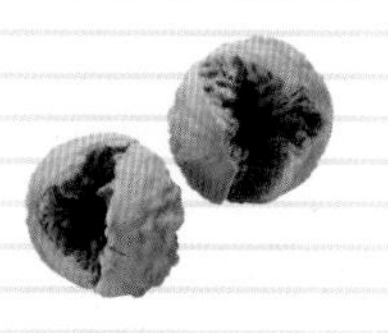

* 干无花果

使用的产品稍硬时，最好用洋酒浸泡2～3日。

* 南瓜子

生南瓜子要烘烤后再使用。

* 盐浸樱花

去除盐分后使用。

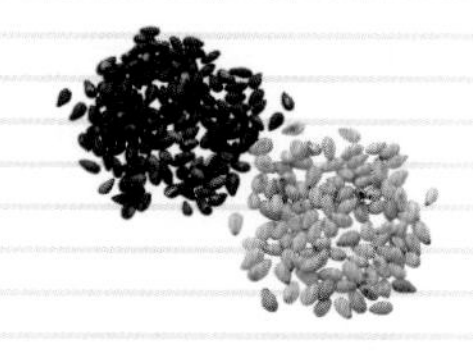

* 芝麻

使用炒熟的芝麻。混入奶油蛋白霜中使用时，弄成糊状使用。→**P43**

*** 翻糖膏装饰**

干佩斯粉中放入水，揉成各种形状。→**P66**

*** 巧克力零食**

巧克力棒等。

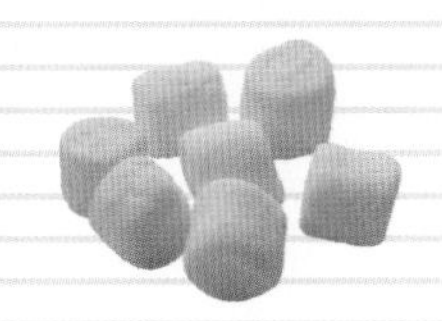

*** 糖块**

放入饮料中食用的小块。

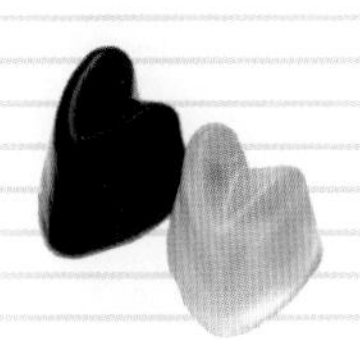

*** 魔芋果冻**

因为有弹力，装饰后不易散掉。

*** 蜡烛、顶峰装饰**

可在西点店购买。

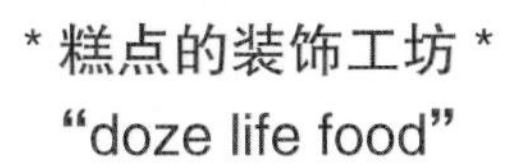

* 糕点的装饰工坊 *
“doze life food”

Doze Life Food

对于她们制作的像艺术品一样漂亮的装饰品，有很高的评价。她们在杂志上刊登文章或面向企业提供食品装饰、制作适应顾客需求的小礼品等，在多方面都很活跃。

秋叶 hiroko（左）是活动的中心人物，主要负责设计、装饰等，担任代表职务。学习杂货设计之后，在大型食品公司担任厨房指导，在咖啡店做咖啡饮品设计至今。

秋叶敦子（右）作为食品企划人员，负责菜单设计、咖啡业务等支撑着工坊。从调理师专门学校毕业之后，在饮食业方面积累了丰富的经验。去意大利等很多国家旅行，在旅行地活用各种知识和经验，专注于食品设计上。

Doze Life Food
（秋叶hiroko/秋叶敦子）
*店铺情况
所在地…千叶市花见川区satukiga丘
2-12-6-4（satukiga丘名店街内）
营业时间…12:00-19:30
休息日…星期四、第2和第4周的星期六、星期日

摄　　影　小塚 恭子
编　　辑　山根 明子
　　　　　秋叶hiroko
漂亮的装饰　阪户 美穗
设　　计　德永satomi
编集　制作　株式会社童梦

饼干纸形

用油性笔将图形描绘在干净纸上，剪下来形状，就已经完成了可反复使用的图纸的制作。将图纸照在饼干上，用糕点切割刀沿着图纸形状将饼干切割下来。

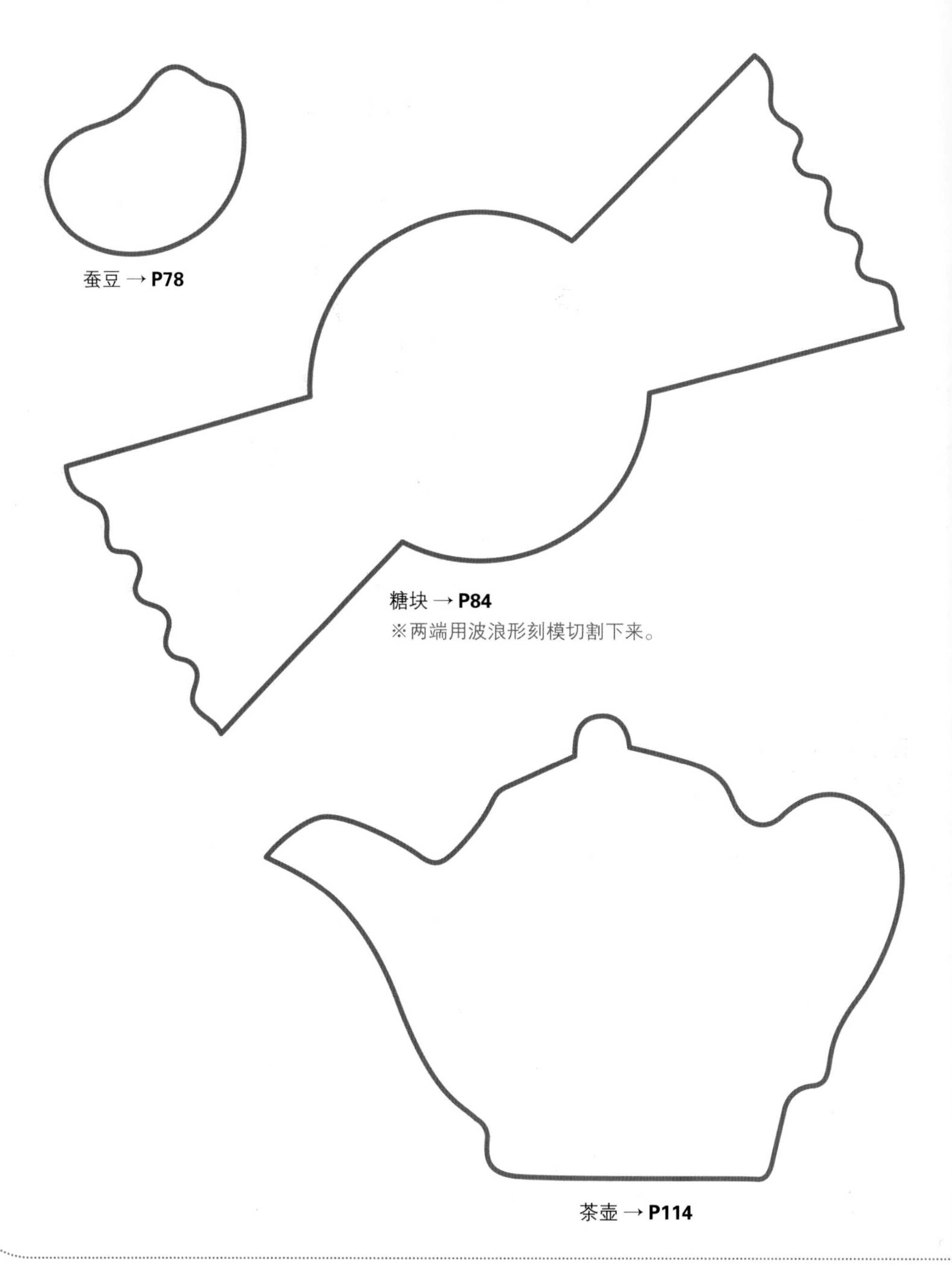

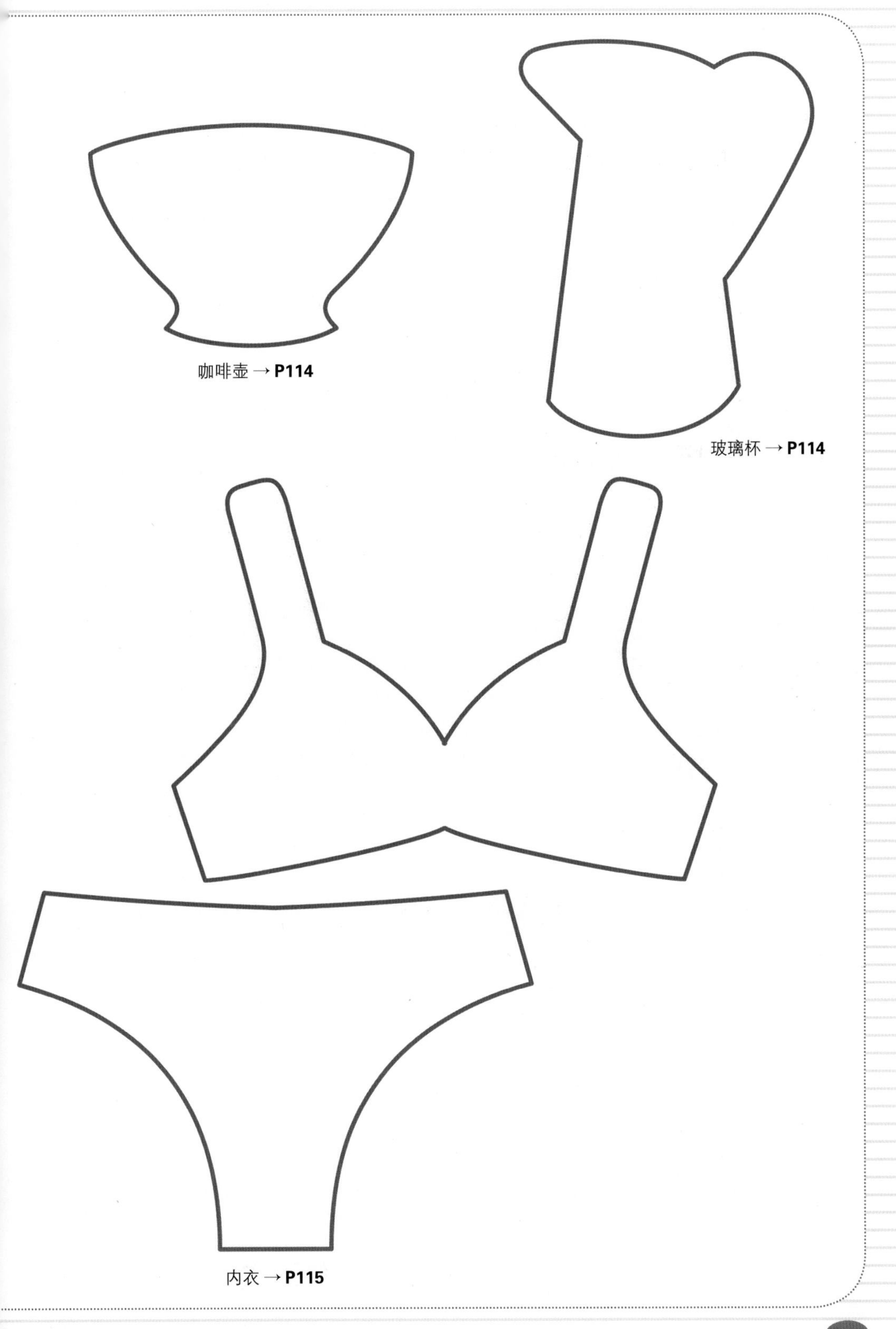
咖啡壶 → **P114**
玻璃杯 → **P114**
内衣 → **P115**

图书在版编目（CIP）数据

可爱的装饰：杯子蛋糕&饼干 / 日本Doze Life Food工作室著；黄玉兰译. —沈阳：辽宁科学技术出版社，2012.7
ISBN 978-7-5381-7533-2

Ⅰ. ①可… Ⅱ.①日… ②黄… Ⅲ.①蛋糕—造型设计②饼干—造型设计 Ⅳ. ①TS213.2

中国版本图书馆CIP数据核字（2012）第125671号

出版发行：辽宁科学技术出版社
（地址：沈阳市和平区十一纬路29号　邮编：110003）
印 刷 者：辽宁彩色图文印刷有限公司
经 销 者：各地新华书店
幅面尺寸：168mm×236mm
印　　张：8
字　　数：100 千字
出版时间：2012 年 7 月第 1 版
印刷时间：2012 年 7 月第 1 次印刷
责任编辑：康　倩
封面设计：袁　舒
版式设计：袁　舒
责任校对：李淑敏

书　　号：ISBN 978-7-5381-7533-2
定　　价：32.00 元

投稿热线：024-23284367　987642119@qq.com
邮购热线：024-23284502
httP://www.lnkj.com.cn